给宝宝的温馨
手工编织毛衣

[日] 川路祐三子　著

韩慧英　陈新平　译

化学工业出版社

·北京·

目　录

雏菊的束身衣

- 尺码 80cm
- 插图 p.24
- 编织方法 p.63、p.64

小熊贴花的披肩和帽子

- 尺码 70～80cm
- 插图 p.23
- 编织方法 p.37

小狗贴花的披肩和帽子

- 尺码 70～80cm
- 插图 p.22
- 带步骤图的编织方法 p.34
- 编织方法 p.34、p.36

简单的连衣裙

- 尺码 80cm
- 插图 p.27
- 编织方法 p.47、p.70

粉色的帽子和开衫

- 尺码 80cm
- 插图 p.26
- 编织方法 p.63、p.68

简单的套裙和发带

- 尺码 80cm
- 插图 p.25
- 编织方法 p.49、p.66

长颈鹿的背心

● 尺码 70cm
● 插图 p.18
● 带步骤图的编织方法 p.32
● 编织方法 p.32、p.37、p.62

绒球的毯子和背心

● 尺码 70cm
● 插图 p.16
● 编织方法 p.56

泰迪熊的长背心

● 尺码 70cm
● 插图 p.15
● 编织方法 p.53、p.54

小熊耳朵的披肩

● 尺码 70～80cm
● 插图 p.21
● 编织方法 p.62

小兔耳朵的披肩

● 尺码 70～80cm
● 插图 p.20
● 编织方法 p.60、p.61

有机棉的帽子和开衫

● 尺码 70cm
● 插图 p.19
● 编织方法 p.58

橙色的外套和帽子

● 尺码 80cm

● 插图 p.29

● 编织方法 p.74

绿色的外套和帽子

● 尺码 80cm

● 插图 p.28

● 编织方法 p.72

连身外套

● 尺码 50～80cm

● 插图 p.31

● 编织方法 p.77、p.78

毛绒背心

● 尺码 80cm

● 插图 p.30

● 编织方法 p.76

秋冬用的羊毛线带来通透质感的优雅效果

使用棒针编织的简单镂空罩衫，适合正式场合穿着。

腰部衣褶和钩针的边缘针，更显精致、优雅。

适合任何季节穿着、亲和肌肤的有机棉

精致的小领，男女宝宝都适合。
钩针编织的华丽镂空花纹，简单轻松即可完成。

婴儿罩衫变身成的长款

羊毛线钩编而成的罩衫，同样适合男宝宝的简单设计。
上下分开，就是一件开衫和一件披肩。

（5）帽子　（6）婴儿罩衫　● **三用婴儿罩衫和帽子**　● 50～70cm　● 编织方法 p.44、p.46

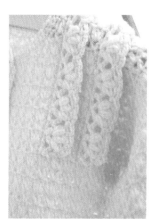

**包裹起来就像花束，
正适合天使般的宝宝**

钩针蓬松编织的毯子，大量使用的花形花样更显华丽。
宝宝包裹其中，可以睡个好觉或一起外出。

(8) ● **泰迪熊的毯子** ● 编织方法 p.50

花样之中的泰迪熊若隐若现

七种花样编织接合而成的毯子。
用长针勾勒出泰迪熊的轮廓。
耳朵部分稍稍凸显，更显可爱。

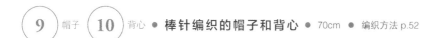

(9) 帽子 (10) 背心 ● **棒针编织的帽子和背心** ● 70cm ● 编织方法 p.52

两件组合而成的
漂亮 A 字形线条

上、下针由组合而成的短针编织而成，是简单又实用的设计。
而且，使用的材料是适合新生儿肌肤的柔软有机棉。

(11) 背心 ● **泰迪熊的长背心** ● 70cm ● 编织方法 p.53、p.54

方孔针织片中呈现出
泰迪熊的身影

长度长至宝宝的小屁屁，简单穿着就能轻松外出。
主要使用长针，适合初学编织的妈妈。

格子和条纹组合而成的
多彩设计

下针的起伏针编织的毯子，再加上许多绒球的点缀。
还有帅气的条纹设计。

大长颈鹿贴花用钩针单独编织

钩针编织的后开襟背心，背部的绳带结头还有三叶草装饰。

女宝宝可以使用其他颜色编织。

14 ● **长颈鹿的背心** ● 70cm ● 编织方法 p.32、p.37、p.62

俏皮可爱的成套条纹尖顶帽衫

棒针编织的简单织片，搭配小熊贴花。
简单穿着的棉质开衫，适合所有季节。

⑮ 帽子 ⑯ 开衫 • **有机棉的帽子和开衫** • 70cm • 编织方法 p.58

钩针编织的带帽披肩，纯真的粉色。
方便小宝宝穿着，是冬季出生宝宝的必备品。

 17 ● **小兔耳朵的披肩** ● 70～80cm ● 编织方法 p.60、p.61

(18) ● **小熊耳朵的披肩** ● 70～80cm ● 编织方法 p.62

戴上帽子，
宝宝就像可爱的小熊

同小兔耳朵的披肩颜色区分开来，颜色和帽子的耳朵
就能衬出小熊造型。
点点突出的白色泡泡针，就像点点雪花。

绿色系搭配出清新的披肩装束

棒针的披肩中，还有钩针编织的小狗贴花。
帽子上有耳朵，同披肩上的小狗贴花相互呼应。
女宝宝则适合可爱的粉色。

最受宝宝和妈妈喜爱的小熊图案

白色的基底，搭配褐色的贴花。
领和边缘也采用褐色线装饰，
男女宝宝都很适合。

发饰也使用一朵雏菊的小套装

柔和的橙色基底点缀着镂空针的束身衣，搭配白色的雏菊小花。

领子和下摆添加钩针花边，更显甜美。

(25) 发带　(26) 短上衣　(27) 连衣裙 ● **简单的套裙和发带**　● 80cm　● 编织方法 p.49、p.66

方便穿着的简单、精美的
外出装束

棒针编织的黑色基底、
搭配可爱的钩编花形花样及荷叶边。
体验各种细节搭配之美。

（28）帽子 （29）开衫 ● **粉色的帽子和开衫** ● 80cm ● 编织方法 p.63、p.68

粉色分层搭配出的俏皮感

粗线钩编的开衫。
花形花样的纽扣和下摆的碎花刺绣，宛如花海。

30 发带 **31** 连衣裙 ● **简单的连衣裙** ● 80cm ● 编织方法 p.47、p.70

长款精美罩衫

简单的钩针编织，魔法般变换出分层效果。
针圈纹路并不复杂，适合初学编织的妈妈。

双排扣的帅气外套

段染线的下针编织，边缘采用黄绿色的起伏针，一件精致的外套即成。
还有，两边设计了护耳的帽子。

领、纽扣、帽缘、口袋等均使用绒毛装饰

优雅的橙色基底使用粗线编织、简单编织即可完成。
搭配暖和的帽子，防寒装备齐全了！

轻便、暖和的
马海毛背心，只需编织成长方形

袖窿和领窝不减针，棒针简单编织而成的背心。
女宝宝只要改变颜色，就能变换出甜美的效果。

37 ● 连身外套 ● 50～80cm ● 编织方法 p.77、p.78

婴儿的襁褓，长大后就是一件外套

无染色线编织而成的天然质感的襁褓。
基本使用长针编织，制作方法简单。
男宝宝可以不使用花形花样。

看着图和照片进行编织

材料

线：Rich More 贝仙（中粗型）蓝绿色（22）85g、奶黄色（2）20g、黄色（4）10g、深褐色（89）、黄绿色（17）各适量

针：5/0号钩针

织片密度10cm 见方 为花纹针的20针、10行

[花纹针]

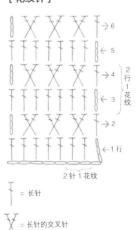

2针1花纹

T = 长针

X = 长针的交叉针

[实物等大的织片]

• **此处为重点！**

肩部的接合方法

花纹针编织至肩部，前后任一侧留线20cm 左右作为接合线。正面向内对合（内侧为织片的正面）肩部的针圈，从内侧至外侧，针圈头部的锁针每2根挑起，卷起接合织片。

边缘针

肩部接合后，继续编织下摆、后端、领窝的边缘针。接线于右后端的下摆，第1行编织短针，第2行环针编织接合成半圆形的图案。袖窿接线于侧边位置开始编织（图中为方便识别理解，2行均用奶黄色线编织）。

贴花

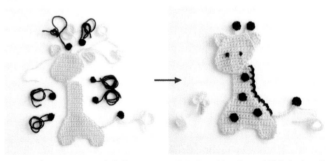

长颈鹿参照62页，三叶草参照37页。编织各零件，留下手缝线部分。编织时，可轻轻熨烫保持针圈饱满的状态下订缝接合各零件。

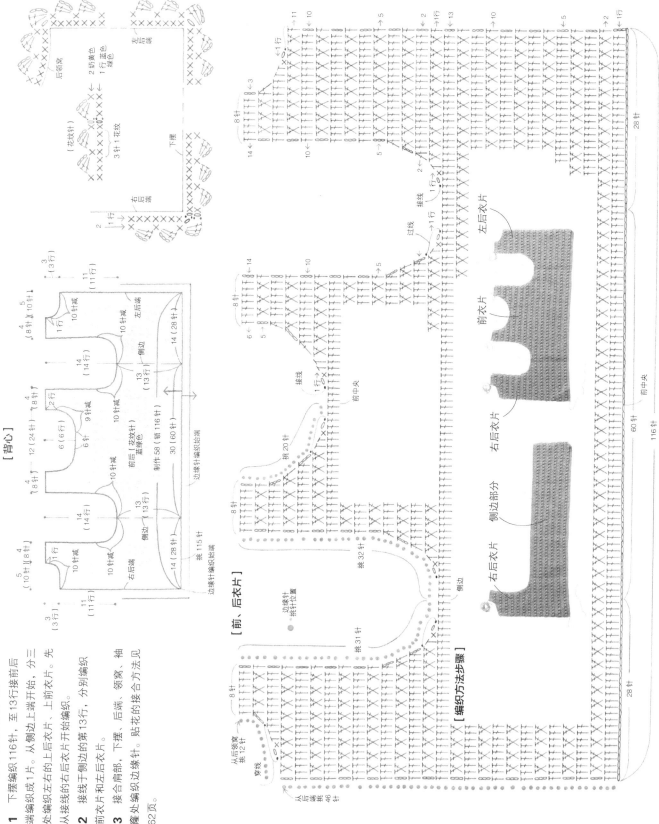

背心的编织方法和步骤

1 下摆编织116针，至13行接前后端编织116针。从侧边上端开始，分三处编织左右的上后衣片，上前衣片，先从接线左侧的右后衣片开始编织。

2 接线于侧边的第13行，分别编织前衣片和左后衣片。

3 接合肩部、下摆、后衣端、领窝、袖隆处编织边缘针。贴花方法见62页。

[背心]

[前、后衣片]

[编织方法步骤]

33

★帽子的编织方法、小狗贴花的披肩及帽子
的编织方法见 p.36。

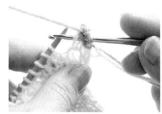

材料[披肩、帽子]

线：HAMANAKA 斐尔拉迪50
（中粗型）宝石绿(8)160g、原色(2)70g、
青草色(13)25g、铁灰色(49)适量
纽扣：直径1.5cm 圆形3个
针：6号2根、4根棒针　5/0号钩针

织片密度10cm 见方　为花纹针的20针、27行

● 此处为重点！边缘针 A

1　编织6行，钩针送入挂于棒针
的端部针圈，青草色线挂于针尖。

4　挑起引拔的3针锁针和棒针松
开的1针。

[花纹针]

[实物等大的织片]

17
15
13
11
9
7
5
3
1行

10
行
1
花
纹

12针 1 花纹

□ = 下针　▨ = 上针

2　引拔针，固定1针。按1、2的
顺序引拔。

5　挂线于针引拔，狗牙针完成。

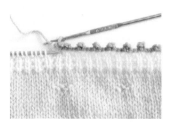

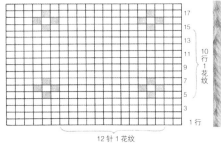

（边缘针 A）

5/0号针

6号针

青草色（米色）

原色
（浅褐色）

← 1行（挑针）

6针 1 花纹

★（ ）内的配色的披肩、6针 1 花纹

3　狗牙针接引拔针，编出锁3针。

6　重复引拔针和狗牙针，用边缘
针固定。

披肩的编织方法和步骤

1 别线起针编织花纹针。整体分为10处，连续编织减针。图中的空白为减针的部分。

2 编织至领窝周围，编织伏针82针。

3 领子接合于披肩的反面，从伏针固定的针圈挑针编织。

4 松开下摆别线的起针，挑针编织边缘针 A，前端同样编织边缘针 A。

5 领周围的边缘针 B 和贴花的编织方法见36页。

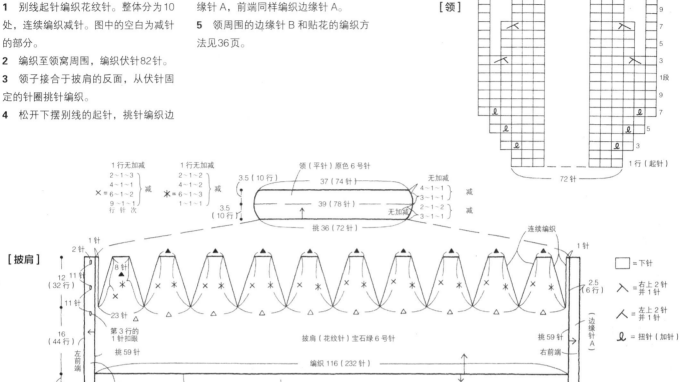

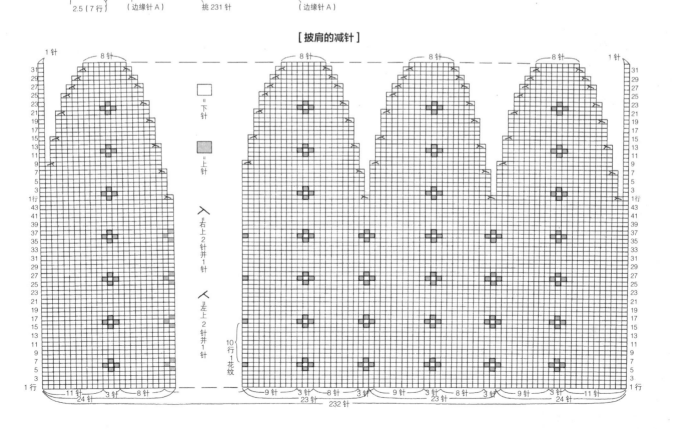

★材料、披肩的编织方法等见 p.34。

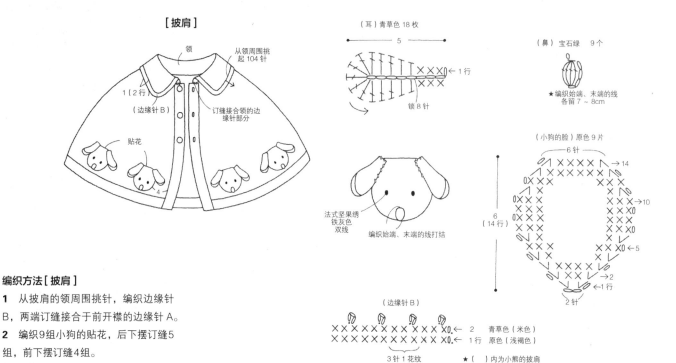

[披肩]

领
从领周围挑起 104 针
1（2 行）
（边缘针 B）
订缝接合领的边缘针部分
贴花
4

（耳）青草色 18 枚
5
←1 行
锁 8 针

（鼻）宝石绿 9 个
★编织始端、末端的线各留 7～8cm

（小狗的脸）原色 9 片
6 针
→14
→10
→5
←1 行
2 针
6（14 行）

法式坚果绣
铁灰色
双线
编织始端、末端的线打结

（边缘针 B）
←2 青草色（米色）
←1 行 原色（浅褐色）
3 针 1 花纹
★（ ）内为小熊的披肩

编织方法[披肩]

1 从披肩的领周围挑针，编织边缘针
B，两端订缝接合于前开襟的边缘针 A。

2 编织 9 组小狗的贴花，后下摆订缝 5
组，前下摆订缝 4 组。

[帽子]

1 别线起针，花纹针制作成环形。21
行之后如图所示减针编织。

2 松开别线，挑针编织边缘针 A，穿
线收束于帽顶剩余的 10 针。编织耳朵，
缲缝接合于帽子的侧边。

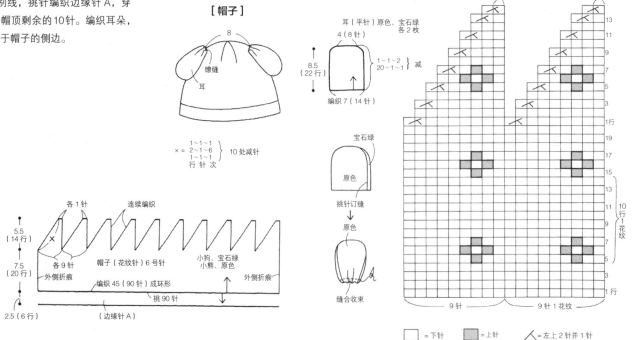

[帽子]

8
缲缝
耳

$\times = \begin{cases} 1\sim1\sim1 \\ 2\sim1\sim6 \\ 1\sim1\sim1 \end{cases}$ 10 处减针
行 针 次

耳（平针）原色、宝石绿各 2 枚
4（8 针）
8.5（22 行）
$\begin{cases} 1\sim1\sim2 \\ 20\sim1\sim1 \end{cases}$ 减
编织 7（14 针）

宝石绿
原色
挑针订缝
原色
缝合收束

各 1 针
连续编织
5.5（14 行）
7.5（20 行）
各 9 针
外侧折痕
帽子（花纹针）6 号针
编织 45（90 针）成环形
挑 90 针
（边缘针 A）
小狗、宝石绿小熊、原色
外侧折痕
2.5（6 行）

1 针
1 针
13
11
9
7
5
3
1 行
19
17
15
10 行 1 花纹
1 行
9 针
9 针 1 花纹

□＝下针　■＝上针　人＝左上 2 针并 1 针

★帽子的编织方法、小熊贴花的披肩及帽子的编织方法见 p.37。

材料[披肩、帽子]

线:HAMANAKA 斐尔拉迪 50(中粗型)
原色(2)160g、浅褐色(43)70g、
米色(52)25g、深褐色(92)适量
纽扣:直径 1.5cm 圆形 3 个
针:6 号 2 根、4 支棒针 5/0 号钩针

织片密度

为 10cm 见方花纹针的 20 针、27 行

编织方法

★按 34 页的小狗贴花的披肩和帽子的
方法编织,用不同颜色的线即可。披肩
的编织方法详见 35 页,帽子的编织方
法见 36 页。

编织方法[披肩]

编织 9 组小熊贴花,各零件订缝于脸部,
缭缝接合披肩的下摆。

[帽子]

平针编织耳朵,并缭缝接合于帽顶。

[法式坚果绣]

[披肩]

[帽子]

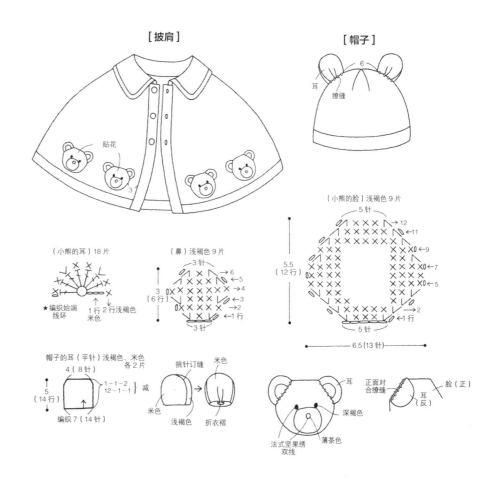

★材料、背心的编织方法见 p.32,贴花的编织方法见 p.62。

编织方法

将长颈鹿和三叶草添加于背心的前衣片,
蝴蝶结缭缝接合于后衣片。

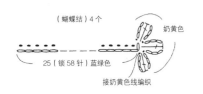

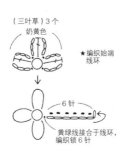

[背心]

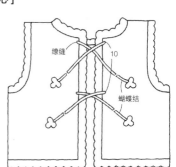

★婴儿罩衫的袖子、帽子见 p.38、p.40。

作品的编织方法

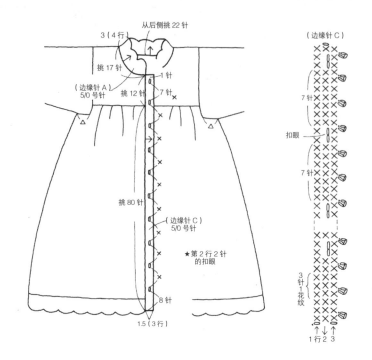

材料

线：HAMANAKA 可爱贝贝（中粗型）
原色（2）280g
纽扣：直径 1cm 圆形珍珠纽扣 10 个
针：6 号 2 支棒针 5/0 号钩针

织片密度

10cm 见方为花纹针的 20 针、26 行

编织方法

★单线 6 号针编织花纹针，5/0 号针编织边缘针、蝴蝶结等。

1 棒针起针，花纹针编织前后衣片、袖子。前后衣片从侧边上端编织 6 行，2 针并 1 针的稍紧的伏针固定侧边，编织一半的针数。

2 从伏针固定的衣片上端挑针，分别编织前后过肩，引拔接合编织终止的肩部。

3 订缝侧边，接前后下摆，左右前端侧编织接合边缘针 C，领窝侧编织接合边缘针 A。

4 订缝袖下，袖口侧编织边缘针 B，袖山侧和拼合记号接合于衣片。

5 对齐右前端的扣眼位置，同相同的线或手缝线缝接纽扣于左前端。

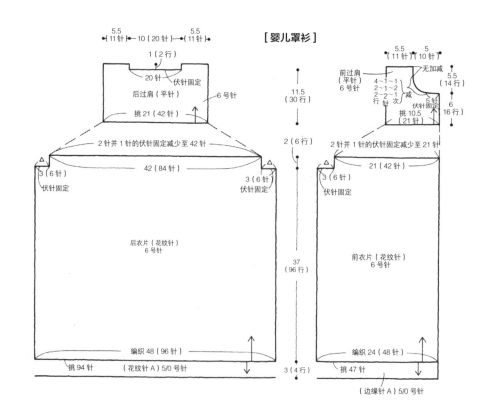

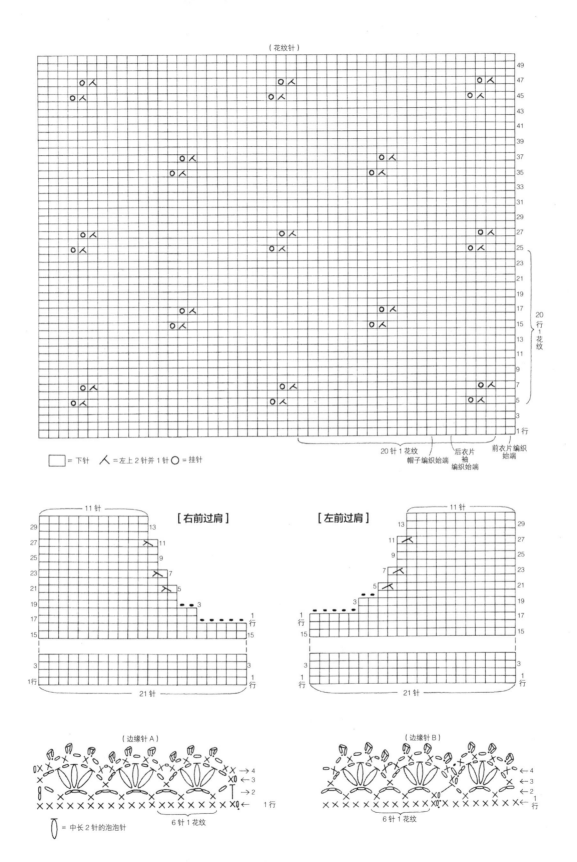

（花纹针）

□ = 下针　人 = 左上 2 针并 1 针　○ = 挂针

20 针 1 花纹
帽子编织始端　后衣片编织始端　前衣片编织始端
袖编织始端

20 行 1 花纹

[右前过肩]　　　[左前过肩]

11 针　　　11 针
21 针　　　21 针

（边缘针 A）　　　（边缘针 B）

○ = 中长 2 针的泡泡针　　6 针 1 花纹　　6 针 1 花纹

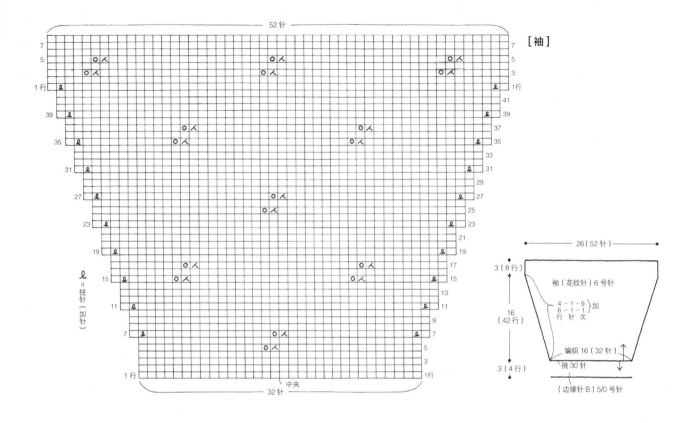

[袖]

52针

7
5
3
1行

41
39
37
35
33
31
29
27
25
23
21
19
17
15
13
11
9
7
5
3
1行

ℓ = 扭针（加针）

中央

32针

26（52针）

3（8行）
袖（花纹针）6号针

4－1－9
6－1－1　加
　　　　行　针　次

16
（42行）

编织 16（32针）

3（4行）
挑30针

（边缘针 B）5/0 号针

[帽子]

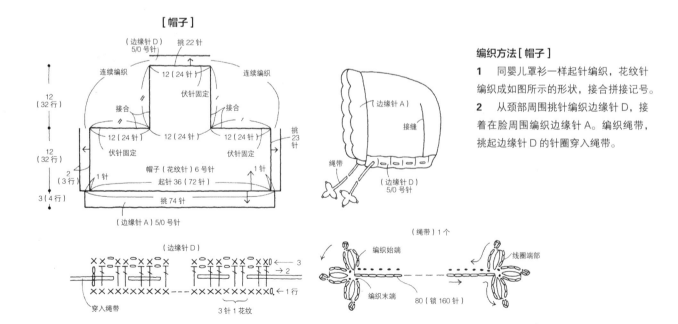

（边缘针 D）
5/0 号针　挑22针

连续编织　12（24针）　连续编织

伏针固定

接合　接合

12
（32行）

12（24针）　12（24针）　12（24针）　挑23针

挑
23
针

伏针固定　伏针固定

12
（32行）

帽子（花纹针）6号针
起针36（72针）

2
（3行）

1针　1针

3（4行）

挑74针

（边缘针 A）5/0 号针

（边缘针 A）

接缝

绳带

（边缘针 D）
5/0 号针

编织方法 [帽子]

1 同婴儿罩衫一样起针编织，花纹针编织成如图所示的形状，接合拼接记号。

2 从颈部周围挑针编织边缘针 D，接着在脸周围编织边缘针 A。编织绳带，挑起边缘针 D 的针圈穿入绳带。

（边缘针 D）

←3
←2
←1行

穿入绳带

3针 1花纹

（绳带）1个

编织始端　线圈端部

编织末端　80（锁 160 针）

40

★婴儿背心的过肩、衣片见 p.42，袖、帽子见 p.43。

材料

线：HAMANAKA 无垢棉钩织（中细型）

原色（1）325g

纽扣：直径 1.3cm 圆形 9 个

配件：松紧车缝线 120cm

针：3/0 号钩针

织片密度

10cm 见方分别为花纹针 A 的 23 针、12 行，花纹针 B 的 24 针、11 行。

编织方法

★单线 3/0 号针编织。

1 花纹针 A 编织衣片、袖。衣片从过肩拼接处起针开始编织，编织完成第 3 行之后，每 7 针增加 1 针，直线编织至下摆。袖从袖山侧编织，袖下加针。

2 过肩从衣片的起针均匀的用短针挑针。稍紧编织 2 行，使衣片侧形成衣褶，花纹针 B 编织至肩部。

3 接合肩部，订缝侧边，左右前端编织前开襟。领子朝向衣片的反面，从领窝挑针编织往返针。

4 订缝袖下，袖山侧接合于衣片的拼合记号。松紧车缝线穿入袖口，并收紧。

5 对齐右前开襟的扣眼，用劈线缝接纽扣于左前开襟。

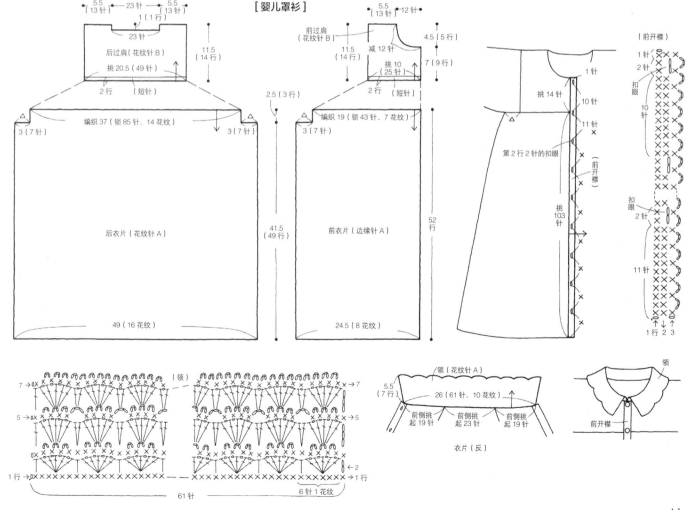

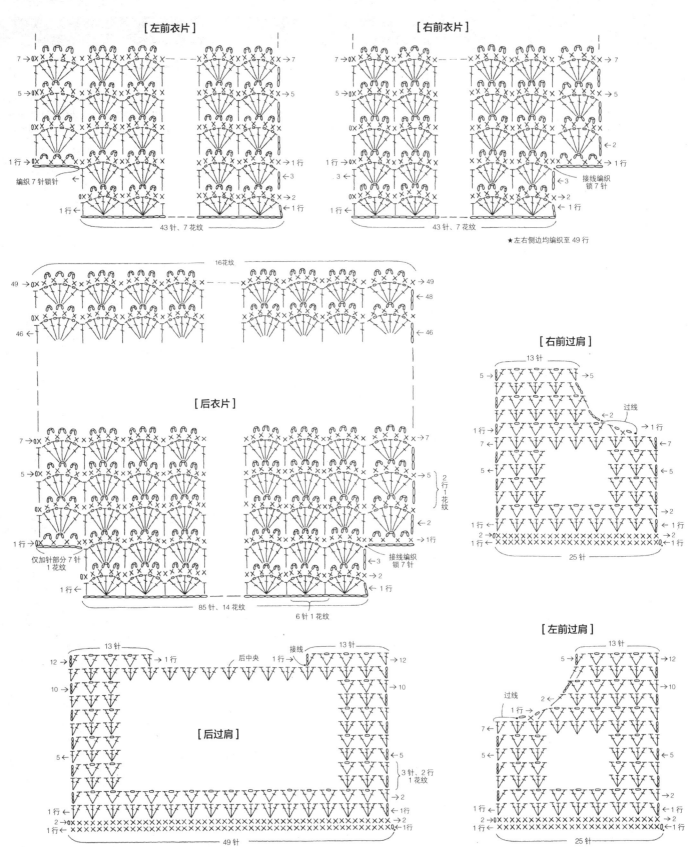

[左前衣片]

[右前衣片]

★左右侧边均编织至49行

[后衣片]

[右前过肩]

[后过肩]

[左前过肩]

42

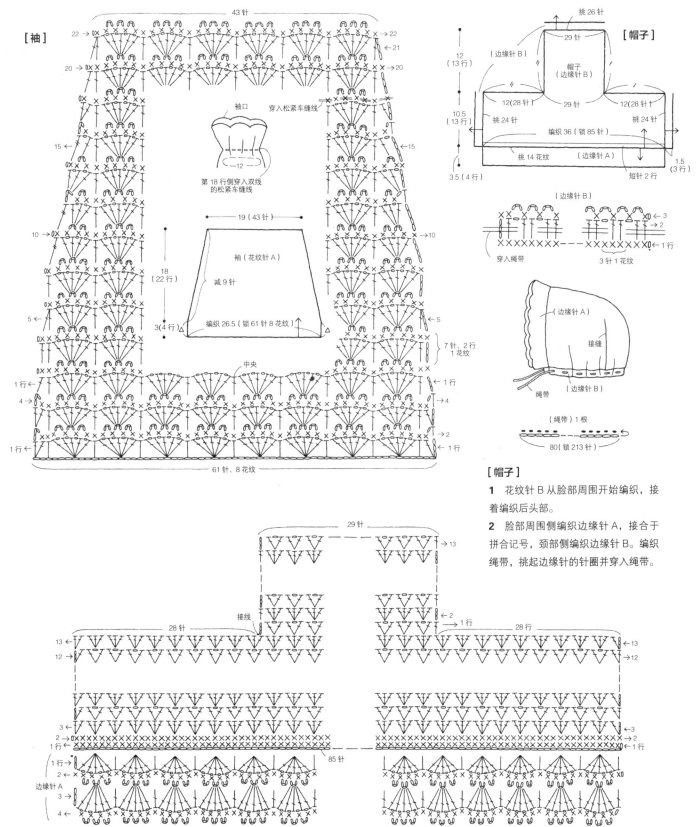

[袖]

43 针

22 ← 22
← 21
20 ← 20
15 ← 15
10 → 10
5 → 5
1 行 → 1 行
4 → 4
→ 2
1 行 → 1 行

袖口
穿入松紧车缝线
第 18 行侧穿入双线
的松紧车缝线

19（43 针）
袖（花纹针 A）
减 9 针
编织 26.5（锁 61 针 8 花纹）

18
（22 行）
3（4 行）

中央

7 针、2 行
1 花纹

61 针、8 花纹

[帽子]

挑 26 针
29 针
帽子
（边缘针 B）
29 针
（边缘针 B）
12（28 针）
挑 24 针
12（28 针）
挑 24 针
编织 36（锁 85 针）
挑 14 花纹
（边缘针 A）
短针 2 行

12
（13 行）
10.5
（13 行）
3.5（4 行）
1.5
（3 行）

（边缘针 B）
穿入绳带
3 针 1 花纹
← 3
← 2
1 行

（边缘针 A）
接缝
绳带
（边缘针 B）

（绳带）1 根
80（锁 213 针）

[帽子]

1 花纹针 B 从脸部周围开始编织，接
着编织后头部。

2 脸部周围侧编织边缘针 A，接合于
拼合记号，颈部侧编织边缘针 B。编织
绳带，挑起边缘针的针圈并穿入绳带。

29 针
→ 13
接线
28 针
← 13
12 →
← 2
→ 1 行
28 行
← 13
→ 12
3 →
→ 2 0
1 行 →
← 3
1 行
85 针
1 行
边缘针 A
1 行
2 →
3 →
4 →
1 花纹

43

材料

线：HAMANAKA 丘比（中粗型）原色
（6）360g

纽扣：12cm 圆形 12 个

针：3/0 号钩针

织片密度

10cm 见方各为花纹针 A 及 B 的 25 针、
11 行

编织方法

★单线 3/0 号针编织花纹针及边缘针等。

[帽子]

1 花纹针 B 从颈部侧编织至脸部周围。

2 接合于拼合记号，颈部侧编织边缘
针 D，穿入搭配婴儿罩衫的绳带。

[罩衫]

1 花纹针 A 编织衣片、袖。衣片如图
所示接前后侧。

2 接合肩部，下摆处编织边缘针 A，
前端侧编织边缘针 C。

3 订缝袖下，袖口侧编织边缘针 B，

袖山接合于衣片袖窿侧，接合于衣片和
袖的拼合记号。

4 起针编织同边缘针 A 一样花纹的织
片，并缲缝接合于前后衣片。

5 对齐左前襟的扣眼，用劈线缝接纽
扣于右前襟。

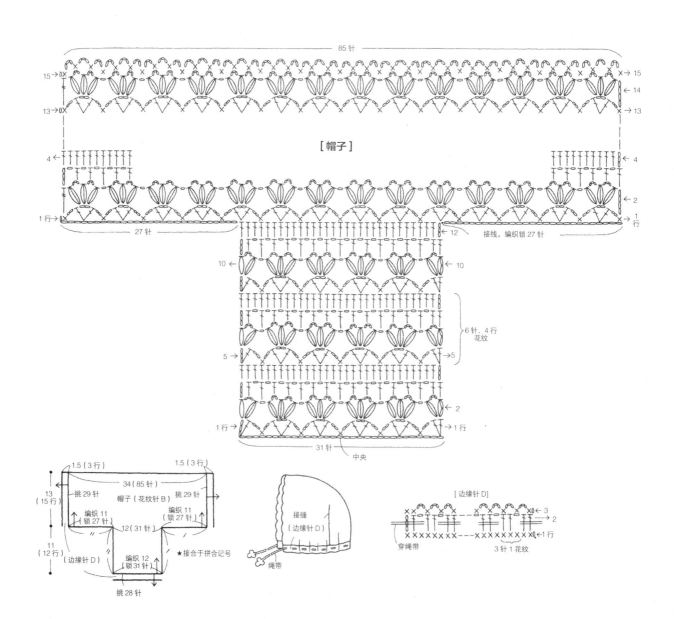

[罩衫]

（边缘针C）

3针　6针　3针　7针　3针　2针
扣眼　　　　　　　　前端

行 2 3
1 行

后

边饰

边饰

边饰

第2针
6针　7针　6针　7针　2针
边缘针C的扣眼
1（3行）
挑25针
挑18针（边缘针C）
挑43针

（边缘针A）

下摆的边缘针

6针1花纹
边饰

→4
→3
→2
→1行

边饰（边缘针A）4片
编织26（锁61针）
2.5（4行）

6.5
（16针）
5
（12针）
5
（6行）
7
（8行）
2.5（4行）

2针　9针
减10针
右前端
13（14行）
8针
9针
23针
10（23针）
6.5（16针）
1（1行）

前后衣片（花纹针A）
编织58（锁145针）
侧边
29（73针）
14.5（36针）

挑139针

（边缘针A）

6.5（16针）
6.5（16针）
5（12针）
2针
减10针
13（14行）
8针
9针
10（11行）
侧边
14.5（36针）

左前端

6行
7（8行）

[前后衣片]

16针
6
5
14
10
8
2针
1针
8
1行
接线 1行

16针
14
10
7
2针
1针
接线

后中央
73针

16针
14
10
1行
接线
1行

36针

16针
14
10
1行
11
8
2
1行

36针

45

[裙片]

1 腰围侧起针，朝向下摆编织花纹针B。如图所示，加针编织至第8行，从第9行至第38行重复4行1花纹，下摆加宽。

2 第39行编织短针和锁针，此行为下摆。

3 左右前端和腰围侧编织边缘针C，同上衣片一样缝接纽扣。

4 编织绳带，作为罩衣穿着时，裙片的第3行放置于衣片的第2行下方，挑起两边的针圈，制作成1片。如果作为披肩，绳带穿入第7行。

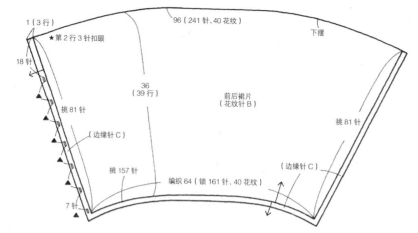

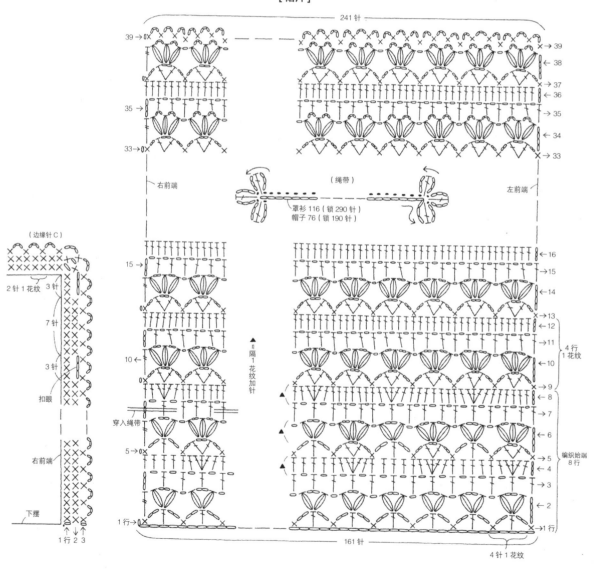

[裙片]

[罩衫的袖]

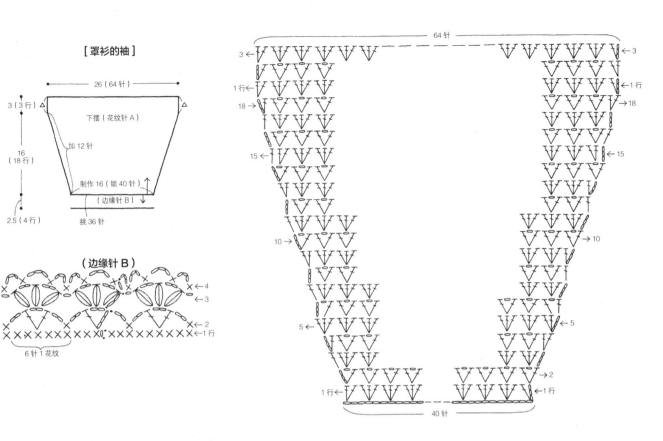

26（64针）
3（3行）
16（18行）
2.5（4行）

下摆（花纹针A）
加12针
制作16（锁40针）
（边缘针B）
挑36针

（边缘针B）

←4
←3
←2
←1行

6针1花纹

64针
3　→3
1行　←1行
18　→18
15　←15
10　→10
5　←5
　→2
1行　←1行
40针

★衣片的编织方法等见 p.70。

[发带]

1 深褐色线编织发带。调节尺寸时，2
针1花纹加减起针。

2 同连衣裙一样，接合2组花形花样
于发带。

[头带]

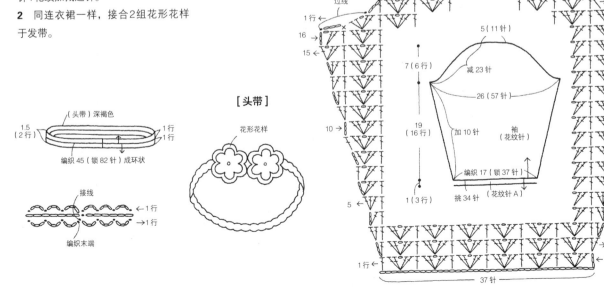

（头带）深褐色
1.5（2行）
1行
1行
编织45（锁82针）成环状

接线
←1行
→1行
编织末端

[头带]
花形花样

[袖]

11针
6　→6
5　←5
过线
1行　←1行
16　←16
15　←15
10　→10
5　←5
　→2
1行　←1行
16　→16
15　→15
10　→10
5　←5
37针
1行　←1行
　→2

5（11针）
减23针
26（57针）
加10针
袖（花纹针）
7（6行）
19（16行）
1（3行）
编织17（锁37针）（花纹针A）
挑34针

47

材料

线：HAMANAKA 丘比（中粗型）原色
（6）440g

针：4/0 号钩针

织片密度

10cm 见方为花纹针的 24 针、13 行

编织方法

★ 单线 4/0 号针编织。

1 花纹针编织68cm 方形毯子。

2 从编织完成的毯子周围挑针，先编织宽6cm 的边缘针 A。

3 边缘针 B 挑起边缘针 A 的第1行的短针进行编织，制作成双重边缘针。

4 编织花形花样，挑起花形花样的反面的3、4行，如图所示缭缝接合。

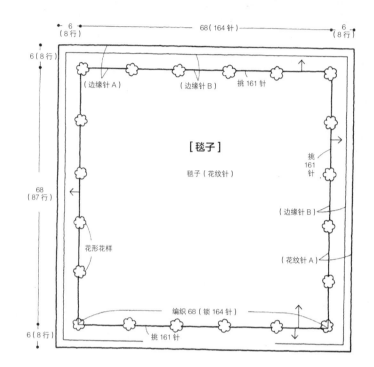

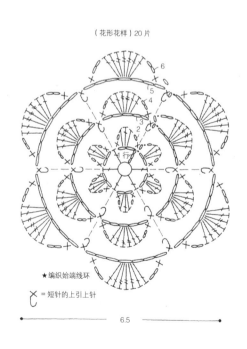

（花形花样）20 片

★编织始端线环

✕ = 短针的上引上针

6.5

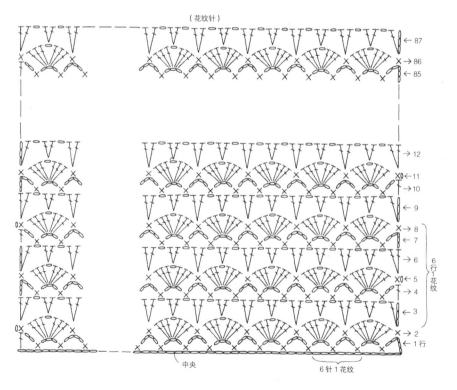

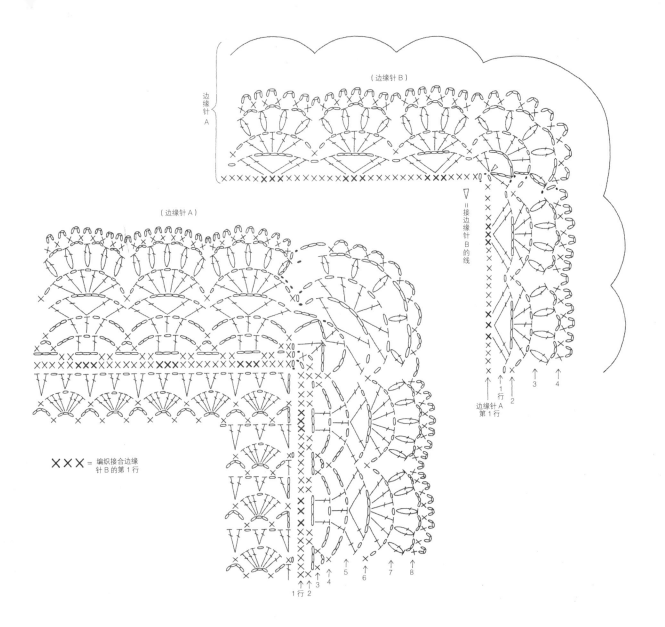

（边缘针 B）

边缘针A

（边缘针 A）

= 接边缘针 B 的线

✗✗✗ = 编织接合边缘针 B 的第1行

边缘针 A 第1行

1行　2

↑　↑　↑　↑
3　4

↑　↑　↑　↑　↑　↑
5　6　7　8

↑　↑　↑
1行　2　3　4

25　26　27 • 简单搭配的花形花样和发带 • 25页

★短上衣、连衣裙的编织方法见 p.66。

[发带]

1 编织接合3组花形花样于黑色线编织的发带。

2 别针的内针接合于花形花样的反面。制作2个相同形状，并排使用。

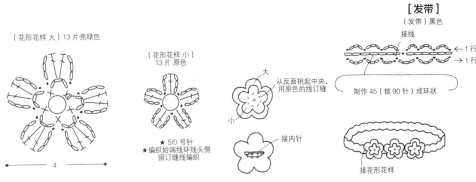

（花形花样 大）13片亮绿色

（花形花样 小）13片原色

4

★ 5/0 号针
★编织始端线环线头侧留订缝线编织

大

小

从反面挑起中央，用原色的线订缝

接内针

[发带]

（发带）黑色
接线

←1行

←1行

制作45（锁90针）成环状

接花形花样

材料

线：HAMANAKA 可爱贝贝（纯棉）（中粗）黄色（2）180g、白色（1）150g、绿色（5）60g、蓝色（4）、紫色（7）各50g，苏罗梦罗（中粗）褐色（3）适量

针：4/0 号钩针

织片密度

11cm 边长花样各 1 片

编织方法

★单线 4/0 号针编织。

1 3种花样编织接合毯子本体。A 花样用泰迪熊的编织花样接合分别编织的耳朵。

2 编织第1片花样，从第2片开始将各花样周围相同图案的锁针（A、F、G 为周围的第2行，B ~ E 为第6行）的1针替换成引拔针，看下一页，编织接合于相邻的花样。

3 接合花样，从77cm边长的毯子周围挑针编织边缘针 B。

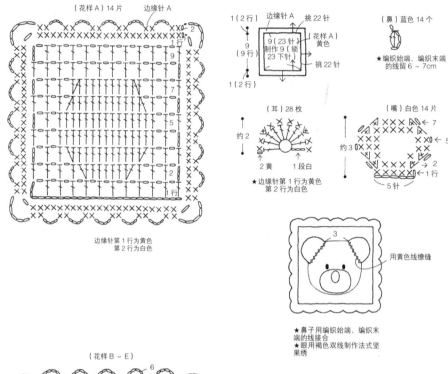

（花样 A）14 片　边缘针 A

边缘针第1行为黄色
第2行为白色

（鼻）蓝色 14 个

★编织始端、编织末端的线留 6 ~ 7cm

（耳）28 枚

约 2

2 黄　1 段白

★边缘针第1行为黄色
第2行为白色

（嘴）白色 14 片

约 3

5 针

★鼻子用编织始端、编织末端的线接合
★眼用褐色双线制作法式坚果绣

用黄色线缭缝

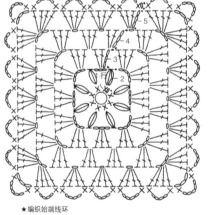

（花样 B ~ E）

★编织始端线环

（花样 B ~ E）

11

6行　6行

[花样 B ~ E 的配色]

	1、2行	3行	4行	5行	6行
B	白色	绿色	蓝色	绿色	白色
C	白色	黄色	绿色	黄色	白色
D	紫色	蓝色	白色	蓝色	白色
E	白色	紫色	蓝色	紫色	白色

★B、C、E 各5片，D6片

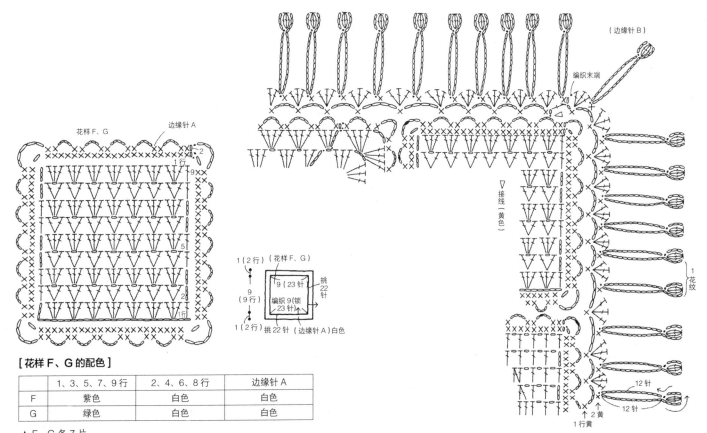

花样 F、G

边缘针 A

[花样 F、G 的配色]

	1、3、5、7、9行	2、4、6、8行	边缘针 A
F	紫色	白色	白色
G	绿色	白色	白色

★ F、G 各7片

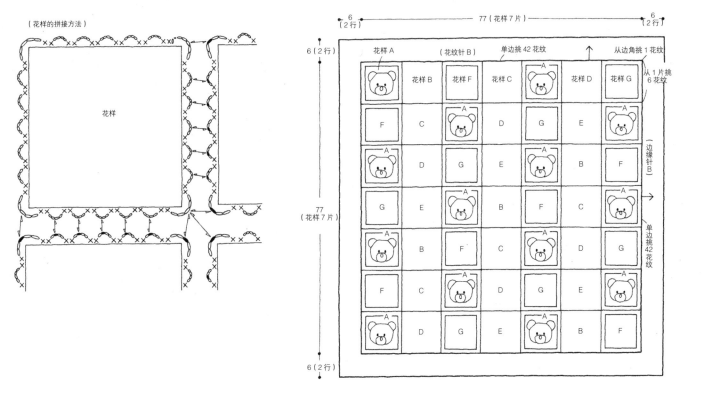

（花样的拼接方法）

花样

材料

线：HAMANAKA 无垢棉贝贝（中粗型）

原色（11）140g

纽扣：1.5cm 圆形 4 个

针：6 号 2 支棒针 5/0 号钩针

织片密度

10cm 见方为花纹针的 22 针、32 行

编织方法

★单线 6 号针编织花纹针，单线 5/0 号针编织边缘针、绳带。

[背心]

1 棒针起针，花纹针编织前后衣片，左前衣片 4 处制作扣眼。

2 接合肩部、订缝侧边，领窝、前端、袖窿、侧环针编织边缘针 A。

3 右前衣片侧，对齐左侧扣眼，用劈线接合纽扣。

[帽子]

1 同背心一样起针，从脸部周围开始

花纹针编织。编织38行，伏针固定左右侧，编织中央的后头部。

2 接合拼合记号，制作成帽子的形状，脸部周围侧编织边缘针 B，颈部周围侧编织边缘针 C。编织绳带，挑起颈部周围的针圈，并穿入绳带。

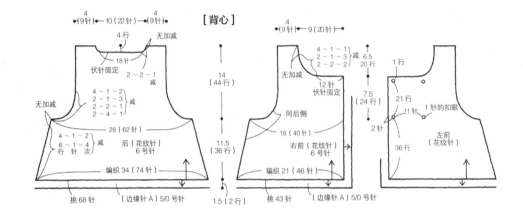

[背心]

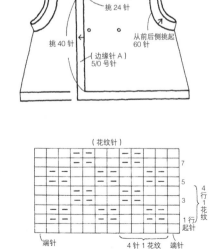

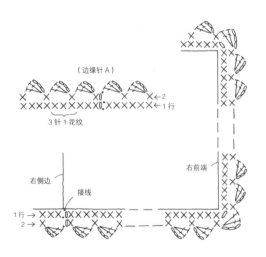

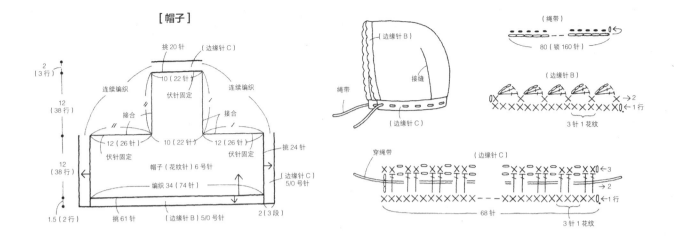

[帽子]

★材料、衣片的编织方法等见 p.54。

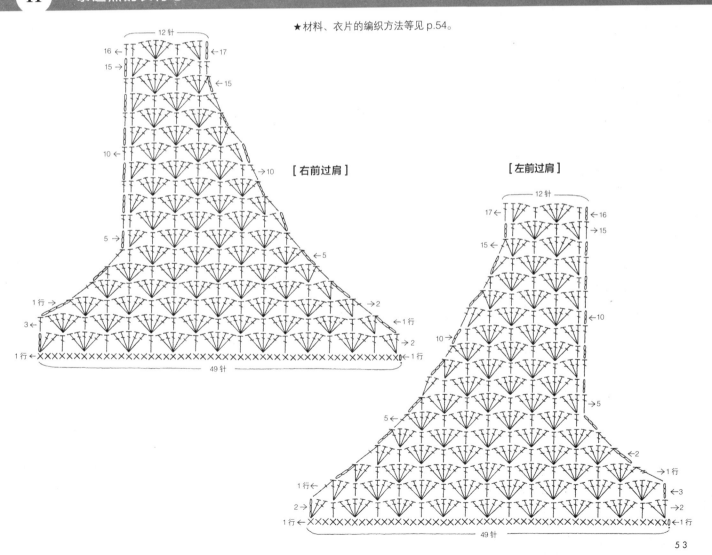

[右前过肩]

[左前过肩]

★左右前过肩的编针方法见 p.53。

材料

线：无垢棉钩织（中细型）原色（1）140g

针：3/0 号钩针

织片密度

10cm 见方为花纹针 A 的 30 针、12 行及花纹针 B 的 27 针、12 行

编织方法

★单线 3/0 号针编织。

1 花纹针 A 从下摆开始编织前后衣片。前侧左右相同形状编入3处泰迪熊的花样，后侧编入4处，9～23行仅用较长的锁针的方孔针进行编织。

2 过肩从衣片上端均匀挑起长针的头部及锁针，减少针数，编织花纹针 B。

3 接合肩部，订缝侧边，领窝、前端、下摆及袖隆侧用环针编织边缘针。

4 编织耳朵，并缲缝于泰迪熊的花样，绳带缝接于6处。

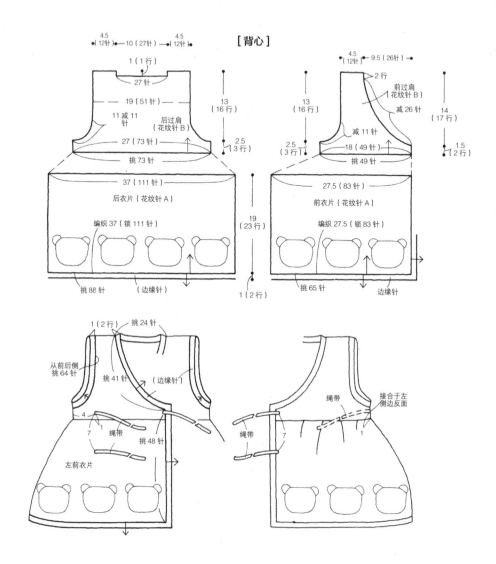

[背心]

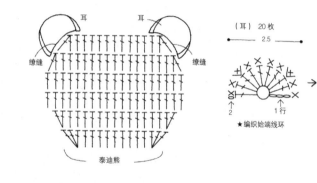

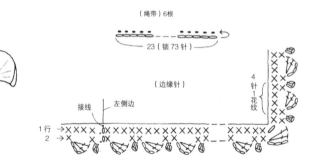

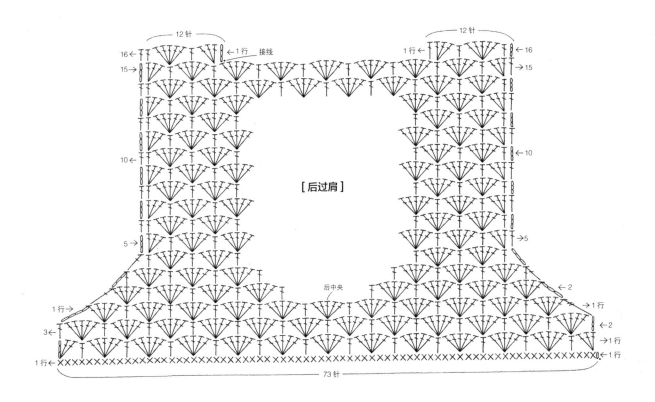

[后过肩]

12 针

16 ← 1 行 接线

15 →

10 ←

→ 15

5 →

← 10

后中央

1 行 →

3 ←

→ 5

1 行 ←

73 针

→ 1 行

← 2

→ 1 行

← 1 行

（花纹针 A）

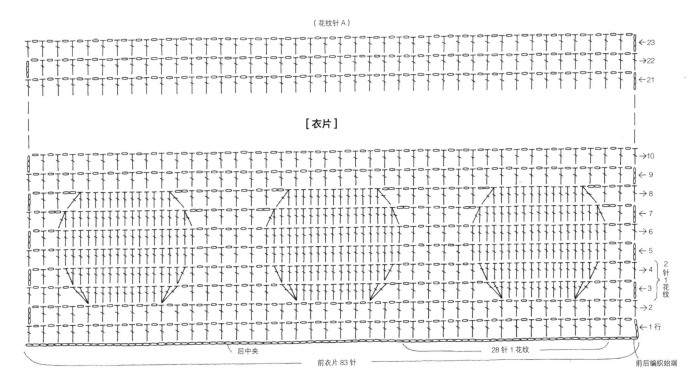

[衣片]

← 23

→ 22

← 21

→ 10

→ 9

→ 8

→ 7

→ 6

→ 5

2 针 1 花纹

→ 4

→ 3

→ 2

1 行 →

后中央

28 针 1 花纹

前衣片 83 针

前后编织始端

材料

线：HAMANAKA 艺丝羊毛（FL）深粉色（214）100g，紫色（215）、黄绿色（218）、橙色（236）、各80g，绿色（221）55g

针：8 号 2 支棒针

织片密度

10cm 见方为起伏针的 19 针、34 行

编织方法

★ 单线 8 号针编织。

1 棒针编31针，起伏针编织5组如图所示的纵向花样。两端需要拉伸固定，所以滑针后编织，每52行断线改变配色。各配色线的编织始端或编织末端留30cm用于手缝线。

2 用纵向花样留下的5根手缝线，按配色图所示逐格起伏针订缝制作成正方形，四周的配色接口侧固定半圆绒球。

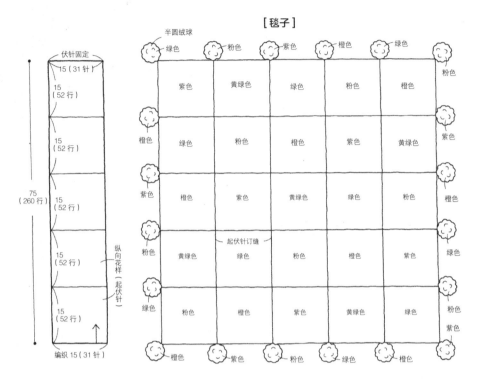

[毯子]

半圆绒球

伏针固定
15（31针）

15（52行）
15（52行）
15（52行）
15（52行）
15（52行）

75（260行）

纵向花样（起伏针）

编织 15（31针）

绿色｜粉色｜紫色｜橙色｜绿色｜粉色
紫色｜黄绿色｜绿色｜粉色｜橙色
橙色｜绿色｜粉色｜橙色｜紫色｜黄绿色｜紫色
紫色｜橙色｜紫色｜黄绿色｜绿色｜粉色｜橙色
粉色｜黄绿色｜绿色｜粉色｜橙色｜紫色｜绿色
绿色｜粉色｜橙色｜紫色｜黄绿色｜绿色｜紫色
橙色｜紫色｜粉色｜绿色｜橙色

起伏针订缝

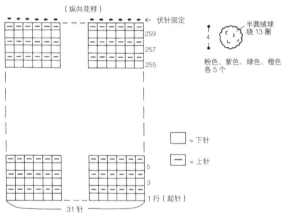

（纵向花样）

← 伏针固定

259
257
255

5
3
1 行（起针）

31 针

□ = 下针
— = 上针

半圆绒球绕 13 圈

4

粉色、紫色、绿色、橙色各5个

[起伏针的滑针]

1 线送向外侧

2 下针

3

 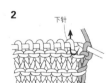 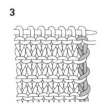

[起伏针订缝]

1

2

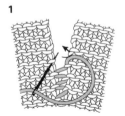 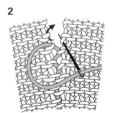

材料

线：HAMANAKA 艺丝羊毛（FL）深粉色（214）50g，紫色（215）、绿色（221）、橙色（236）各 35g，黄绿色（218）30g

纽扣：1.5cm 圆形 3 个

针：5 号的 2 支棒针、4/0 号钩针

织片密度

10cm 见方为起伏针的 23 针、44 行

编织方法

★ 单线 5 号棒针编织起伏针，4/0 号钩针编织边缘针、袖荷叶边。

1 棒针起针，按起伏针的配色条纹编织前后衣片。配色线每隔 8 行过线，不断线。

2 接合肩部，订缝侧边，按顺序在领窝、后端侧挑针编织起伏针。右后端制作扣眼，编织 4 行后伏针固定。

3 下摆侧编织接合边缘针，袖窿侧编织接合袖荷叶边，前领窝侧接合半圆绒球的绳带。

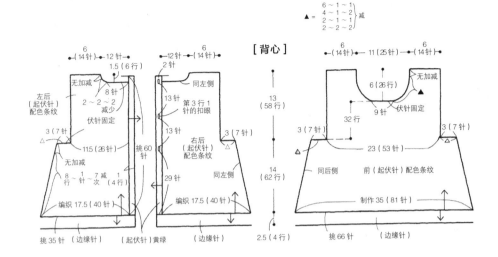

[背心]

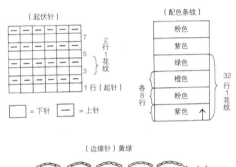

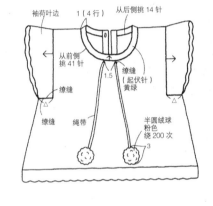

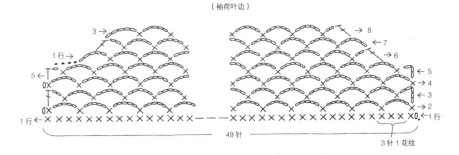

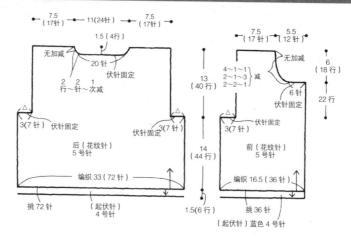

材料

线：HAMANAKA 无垢棉贝贝（中粗型）原色（11）100g，考腾彩色贝贝（中粗型）绿色（94）75g、蓝色（95）55g

纽扣：1.5cm 方形 4 个、5mm 圆形黑色 2 个

针：5 号、4 号的 2 支及 4 支棒针 5/0 号钩针

织片密度

花纹针 10cm 见方 22 针、31 行，

平针 10cm 见方 22 针、29 行

编织方法

★单线 5 号针编织花纹针，4 号针编织起伏针，5/0 号针编织贴花。

[开衫]

1 别线起针，衣片为起伏的起针的花纹针，袖编织平针。

2 松开起针，从下摆、袖口挑针，蓝色线编织起伏针，并伏针固定。

3 接合肩部，订缝侧边、袖下，袖缝接于衣片。

4 领窝、前端侧编织起伏针，蓝色的劈线接合纽扣于右前端。编织小熊的各零件，鼻和耳接合于脸，并缲缝于前衣片。

[帽子]

1 同开衫一样起针，环针编织花纹针。25 行之后减针为 10 针，并穿线收紧。

2 脸部周围编织起伏针，顶部接合半圆绒球。

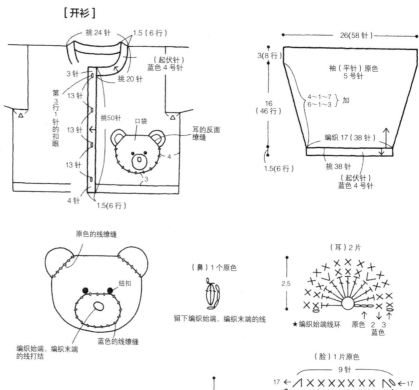

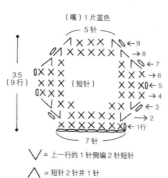

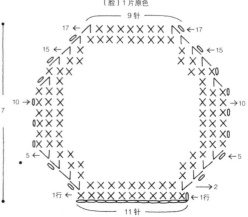

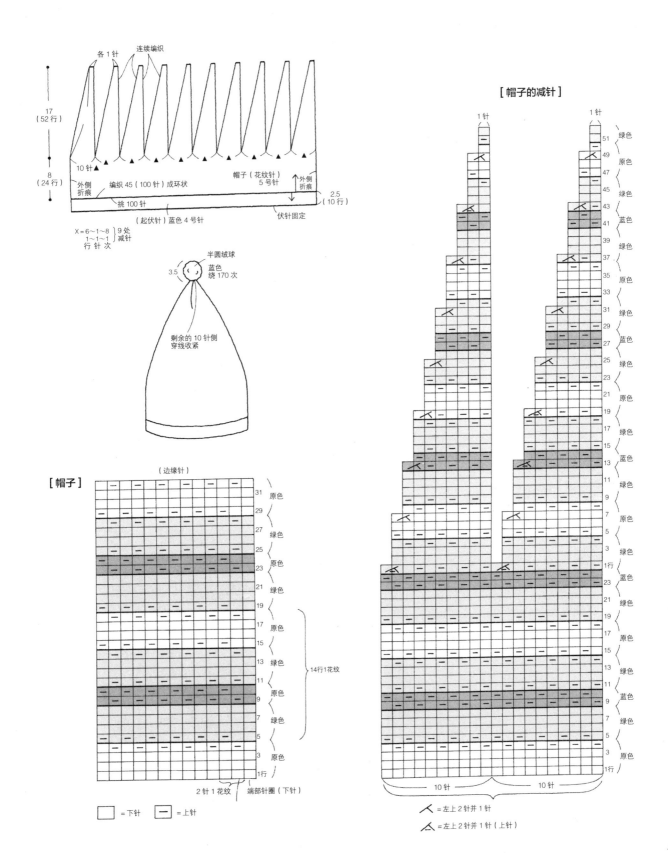

[帽子的减针]

[帽子]

（边缘针）

31 原色
29 绿色
27
25
23 原色
21 绿色
19
17 原色
15
13 绿色
11 原色
9
7 绿色
5
3 原色
1行

2针1花纹　端部针圈（下针）

14行1花纹

各1针　连续编织

17（52行）
8（24行）

10针
外侧折痕　编织45（100针）成环状　帽子（花纹针）5号针　外侧折痕
挑100针
（起伏针）蓝色4号针　伏针固定
2.5（10行）

X＝6～1～8　9处减针
1～1～1　行针次

半圆绒球
蓝色
绕170次
3.5

剩余的10针侧穿线收紧

51 绿色
49
47 原色
45
43 绿色
41 蓝色
39
37 绿色
35
33 原色
31
29 绿色
27 蓝色
25
23 绿色
21
19 原色
17
15 绿色
13 蓝色
11
9 绿色
7
5 原色
3 绿色
1行

1针　1针

23 蓝色
21 绿色
19
17 原色
15
13 绿色
11 蓝色
9
7 绿色
5
3 原色
1行

10针　10针

□＝下针　—＝上针

╱＝左上2针并1针

╱＝左上2针并1针（上针）

59

★包扣、绒球的编织方法见p.62。

材料

线：HAMANAKA 可爱贝贝（中粗型）
粉色（23）200g、原色（2）20g，富
尔丝（极粗型雪尼尔纱）原色（1）
115g

纽扣：2.5cm圆形包扣3个

针：5/0号、8/0号钩针

织片密度

10cm见方为花纹针的20针、9行

编织方法

★2种线各用单线，可爱贝贝用5/0号
针编织，富尔丝用8/0号针编织。

1 从披肩的下摆起针，粉色的花纹针
侧编入原色的泡泡针。

2 12行之后，前端两侧各分为37针，
中央侧4处各分为36针，两侧同样重复
减针编织，合计完成74针。

3 从披肩的领窝侧继续编织帽子，接
合左右帽顶。

4 从披肩下摆的起针的218针跳针、
挑起142针，用富尔丝线编织长针。前
端、帽子的脸部周围同样继续编织长针，
右前端制作扣眼。

5 编织2组内耳及外耳，每组反面向
内对合订缝，并缲缝接合于帽子。

6 粉色线编织包扣，塞入纽扣，用剩
余的线止缝于左前端。

7 粉色线编织90cm(锁198针)，同
57页一样编织绳带，挑起帽子第3行的
针圈穿入，绒球接合于前端。

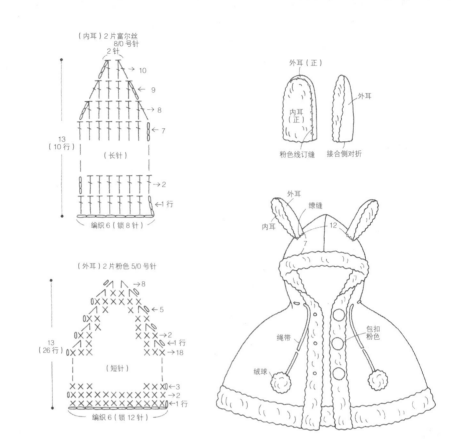

[帽]

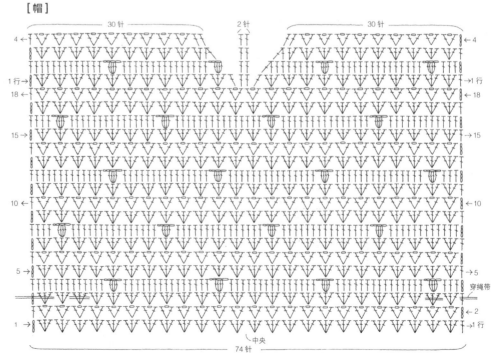

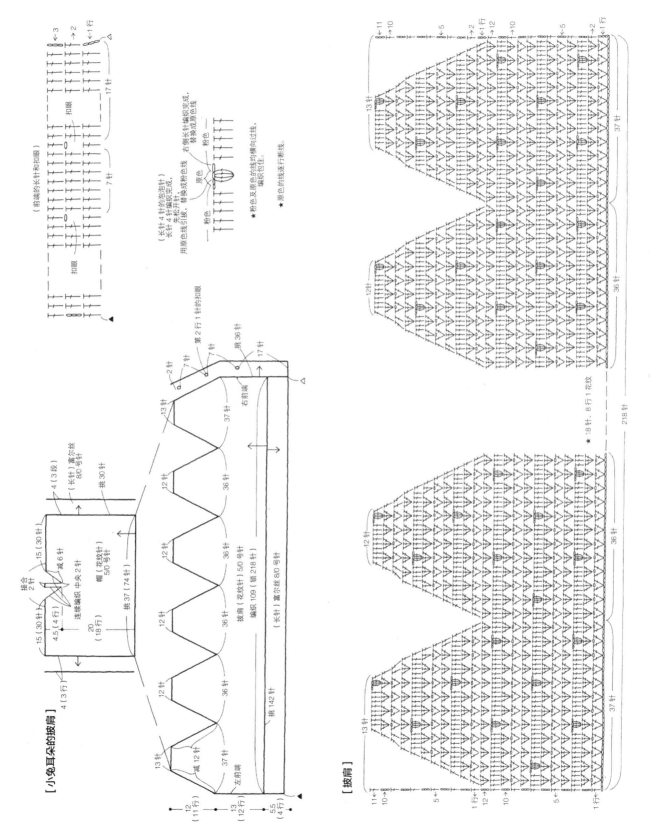

[小兔耳朵的披肩]

（前端的长针和扣眼）

[披肩]

材料

线：HAMANAKA 可爱贝贝（中粗型）
浅褐色（25）200g、原色（2）20g，
富尔丝（极粗型雪尼尔纱）米色（2）
105g

纽扣：2.5cm 圆形包扣 2 个

针：5/0 号、8/0 号钩针

编织方法

● 参照 60 页的小兔耳朵的披肩，花纹
针将原色替换成浅褐色编织泡泡针。左
前端制作扣眼，耳朵替换成小熊耳朵。
其他编织方法相同。

★ 绳带用浅褐色线编织 90cm（198
针），引拔针编织返回。

[小熊耳朵的披肩]

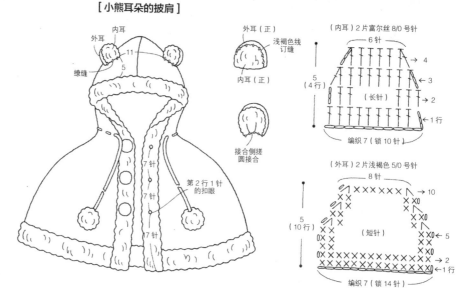

（包扣）3 个浅褐色 5/0 号针

★编织始端线环

5	6 针
4	12 针
3	18 针 短针
2	12 针
1 行	6 针

★第 4 行扭针编织

★兔子为粉色

（绒球）2 个富尔丝 8/0 号针

★编织始端线环

7	6 针
6	12 针
5	18 针 短针
4	24 针
3	18 针
2	12 针
1 行	6 针

∨ = 上一行的 1 针侧编织 2 针短针

∧ = 短针 2 针并 1 针

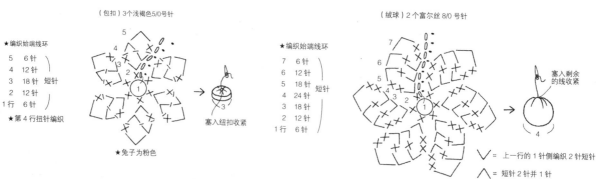

★ 背心的材料、编织方法见 p.32。

[贴花]

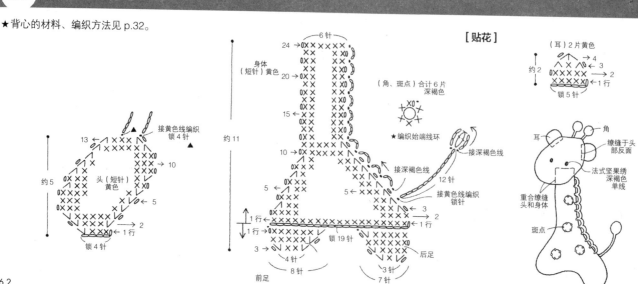

★束身衣的材料、编织方法见 p.64。

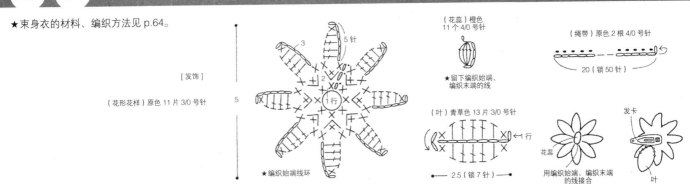

[发饰]

（花形花样）原色 11片 3/0号针

（花蕊）橙色
11个 4/0号针

★留下编织始端、编织末端的线

（叶）青草色 13片 3/0号针

（绳带）原色 2根 4/0号针

20（锁50针）

花蕊

叶

用编织始端、编织末端的线接合

发卡

★编织始端线环

2.5（锁7针）

★材料、开衫的编织方法等见 p.68。

编织方法[帽子]

1 制作线环，从帽顶花纹针如图所示替换配色线加针编织。配色线不断线，纵向过线编织。

2 收紧编织始端的线环，接合半圆绒球。

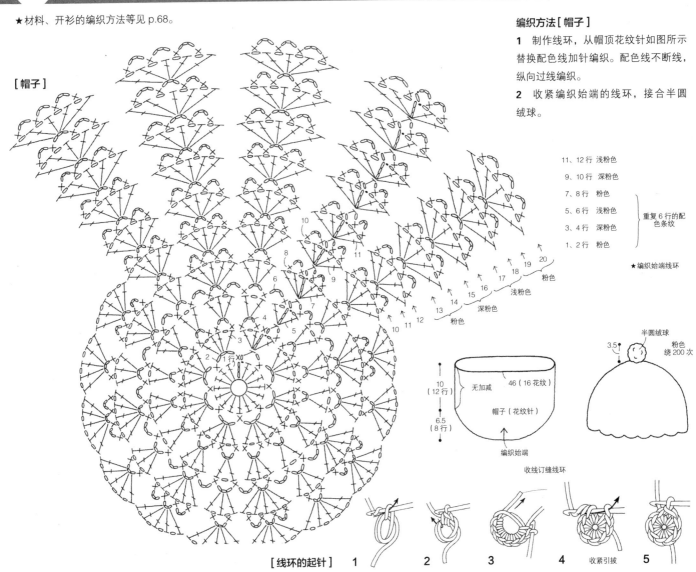

[帽子]

11、12行 浅粉色

9、10行 深粉色

7、8行 粉色

5、6行 浅粉色

3、4行 深粉色

1、2行 粉色

重复6行的配色条纹

★编织始端线环

半圆绒球
3.5 粉色 绕200次

10（12行）无加减

46（16花纹）

帽子（花纹针）

6.5（8行）

编织始端

收线订缝线环

[线环的起针]   1   2   3   4 收紧引拔   5

★花形花样、绳带及发卡的编织方法见 p.63。

材料

线：HAMANAKA 艺丝羊毛（FL）橙色（207）100g、原色（201）35g；花形花样：幅配尔（中细型）原色（302）15g、青草色（312）10g

配件：宽3cm 发卡 1 个

针：5 号的 2 支棒针 3/0 号、4/0 号钩针

织片密度

10cm 见方为花纹针的 24 针、31 行

编织方法

★ 2 种线各用单线，橙色线 5 号针编织花纹针，4/0 号针编织边缘针、绳带，幅配尔编织的花形花样和叶用 3 号针编织。

1 棒针起针 96 针，花纹针编织前后衣片。裙片部分在 4 处分散减针至 68 针，继续编织上衣片。

2 前衣片从侧边上的第 5 行在前中央分为左右，编织至肩部。前中央的开口的 18 行两侧的端部针圈用滑针编织，以此完成前开襟。

3 接合肩部，订缝侧边，下摆侧编织边缘针 A，领窝侧编织边缘针 B，袖隆侧编织袖荷叶边。

4 编织花形花样、花蕊、叶，花蕊接合于花形花样的中央。裙片的下摆侧缤缝 10 组花形花样及叶，叶接合于前开襟，并止缝绳带。

5 发饰的叶和发卡接合于花形花样的反面。

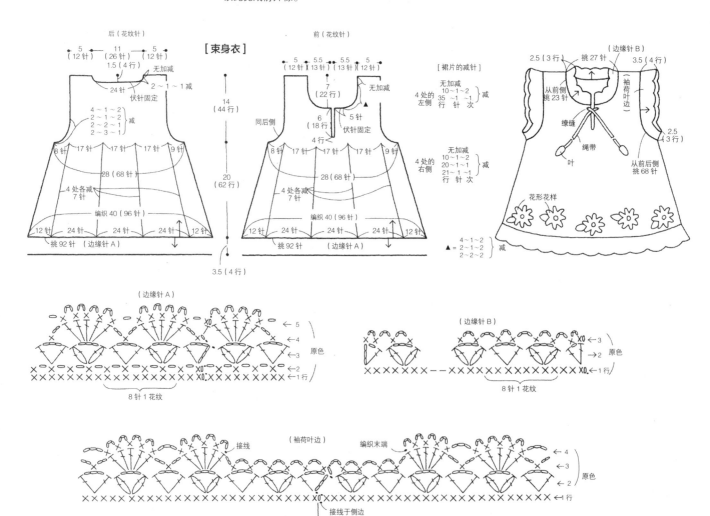

[前后衣片]

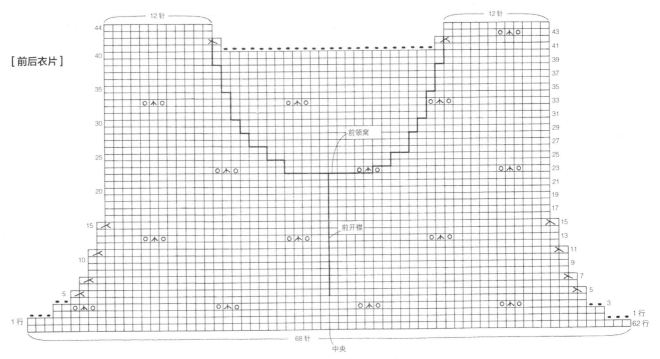

12针　　　　　　　　　　　　　　　　　12针

44
43
41
40
39
37
35
34
33
31
30
29
27
25
24
23
21
20
19
17
15　　　　　　　　　　　　　　　　　　15
13
11
10　　　　　　　　　　　　　　　　　　9
7
5　　　　　　　　　　　　　　　　　　5
3
1行　　　　　　　　　　　　　　　　　1行
62行

前领窝

前开襟

68针

中央

[裙片]

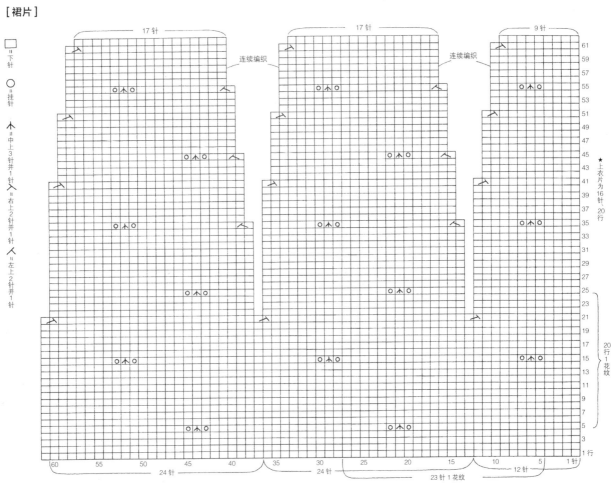

17针　　　　　　　17针　　　　　　9针

连续编织　　　　　连续编织

□ = 下针

○ = 挂针

⋏ = 中上3针并1针

入 = 右上2针并1针

人 = 左上2针并1针

★ 上衣片为16针、20行

61
59
57
55
53
51
49
47
45
43
41
39
37
35
33
31
29
27
25
23
21
19
17
15
13
11
9
7
5
3
1行

20行1花纹

60　　55　　50　　45　　40　　35　　30　　25　　20　　15　　10　　5　　1针

24针　　　　　24针　　　　　12针

23针1花纹

65

★花形花样和发带的编织方法见 p.49。

材料

线：HAMANAKA 菲尔拉迪50（中粗型）

黑色（50）180g、亮绿色（48）60g、

原色（2）60g、炭灰色（49）25g

纽扣：1.3cm 圆形 7 个

配件：宽 20mm 背面别针 2 个

针：6 号 2 支棒针 5/0 号钩针

织片密度

10cm 见方为平针的 20 针、27 行

编织方法

★单线 6 号针编织平针，5/0 号针编织
边缘针、花形花样。

[短上衣]

1 棒针起针，平针编织衣片、袖。

2 接合肩部，订缝侧边，左右的前端
侧编织短针，下摆侧编织配色的边缘
针 A。

3 领子看向衣片的反面，从领窝挑针，
编织上平针。编织 11 行，缓缓伏针固定，
领周围成为折向外侧的翻领。

4 订缝袖下，袖口侧编织边缘针 B，
正面对合袖山和袖窿，引拔订缝。

5 对齐右前端的扣眼，用黑色劈线缝
接纽扣于左前端。

[连衣裙]

1 同开衫一样起针，平针编织前后侧。
裙片部分在左右的侧边制作集合右上 2
针并 1 针和左上 2 针并 1 针的分散减针。

2 编织上衣片，伏针固定肩部。

3 订缝侧边，下摆侧编织边缘针 B，
领窝、袖窿侧编织边缘针 C，同短上衣
一样缝接纽扣。

4 编织 15 组大小花形花样，2 片一组分
别固定，10 组缘缝接合于下摆。

5 别针部分的 2 组缝接于背面别针。

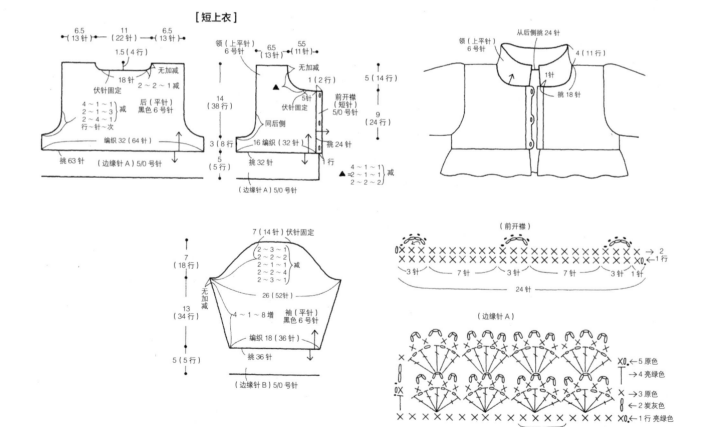

[连衣裙]

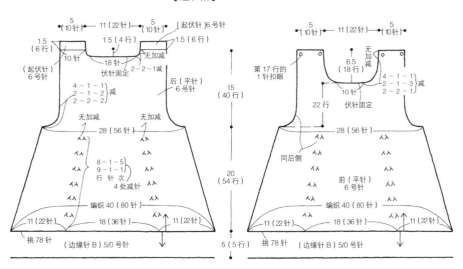

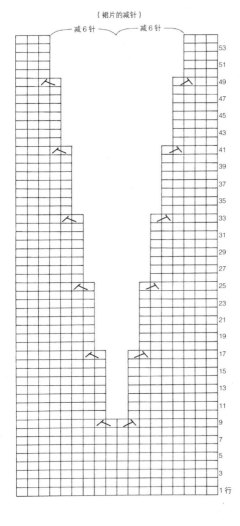

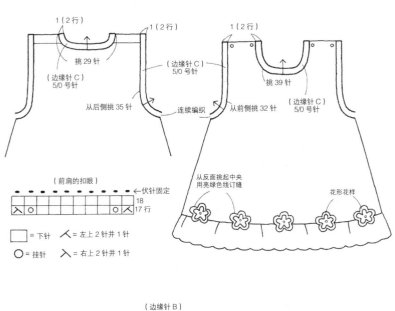

（前肩的扣眼）

□ = 下针　　人 = 左上2针并1针

○ = 挂针　　入 = 右上2针并1针

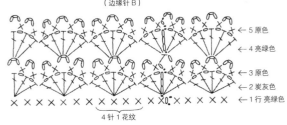

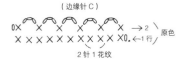

67

★帽子的编织方法见 p.63。

材料

线：HAMANAKA 艺丝羊毛（FL）原色（201）150g、浅粉色（212）40g、深粉色（214）30g、粉色（233）30g
纽扣：1.5cm 圆形 3 个
针：4/0 号钩针

织片密度

10cm 见方为花纹针的 23 针、9 行

编织方法

★单线 4/0 号针编织。

1 花纹针编织衣片、袖。衣片接合前后侧成一片。

2 接合肩部。衣片下摆及前端侧编织边缘针。

3 另外编织领、重合于前领窝，编织领窝的边缘针第 1 行时，从领和领窝的两侧挑针接合。

4 订缝袖下，袖口编织边缘针。袖山侧接合于袖窿，对齐拼合记号。

5 下摆的 1、2 行的长针部分制作绣花。编织花形花样，编织始端的线环对齐右前端的扣眼，挑起第 1 行的短针，订缝接合。原色的劈线接合纽扣于左前端。

[袖]

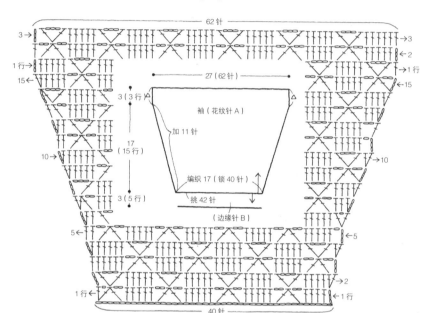

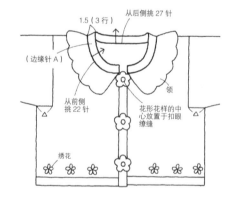

（花形花样）　深粉色 3 片

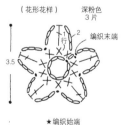

（边缘针 B）

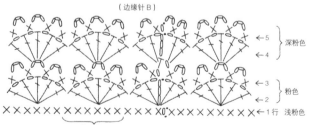

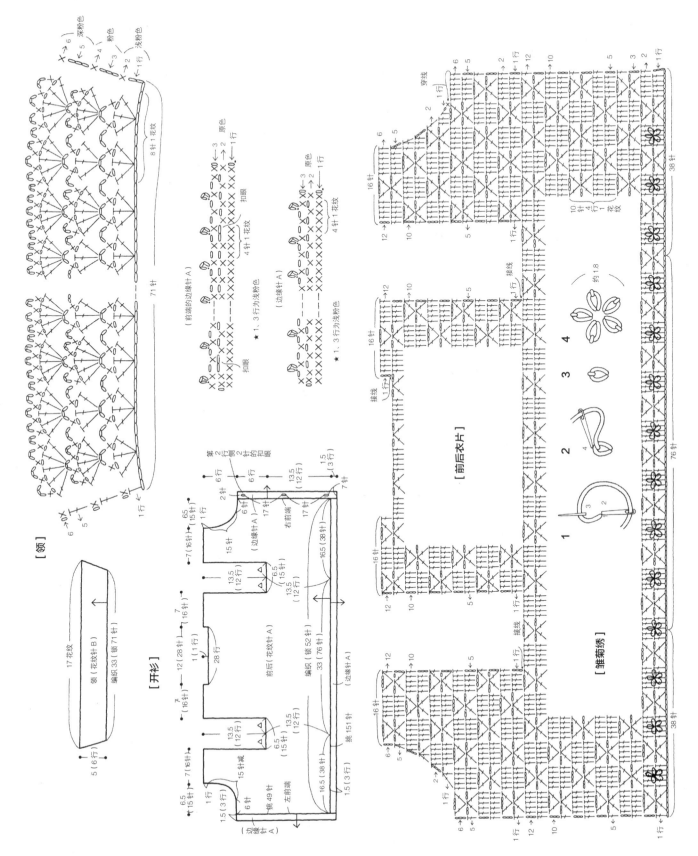

★连衣裙的袖和发带的编织方法见 p.47。

材料

线：Rich More BAYADERE（中粗型）
粉色系（10）240g、贝仙（中粗型）
深褐色（76）30g
纽扣：1.3cm 圆形 3 个
针：6/0 号钩针

织片密度

10cm 见方为花纹针的 22 针、8.5 行

编织方法

★2 种线均用单线 6/0 号针编织。连衣裙的衣片、袖为粉色系，边缘针使用粉色系和深褐色。

[连衣裙]

1 花纹针编织衣片和袖。裙片部分同前后侧一样在 9 处进行减针，制作出上衣片宽度的针数，接着从袖窿编织至肩部。

2 接合肩部，订缝侧边，领窝、后开襟、下摆侧编织边缘针。

3 订缝袖下，袖口侧编织边缘针，接合袖山和衣片袖窿。

4 两种颜色的线编织花形花样，各 1 片重合订缝，并缲缝于前领窝。后开襟的纽扣用深褐色的劈线缝接。

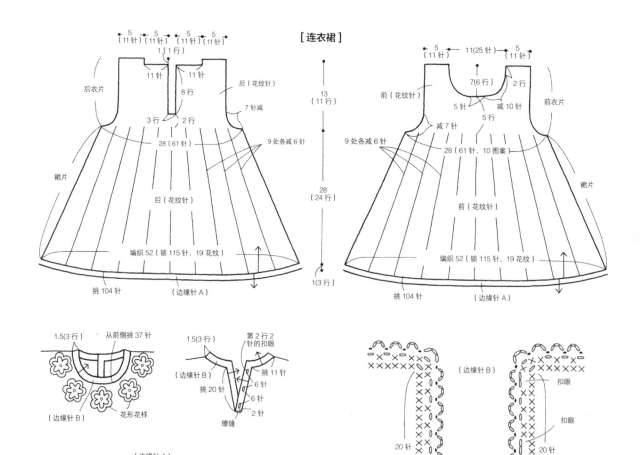

[连衣裙]

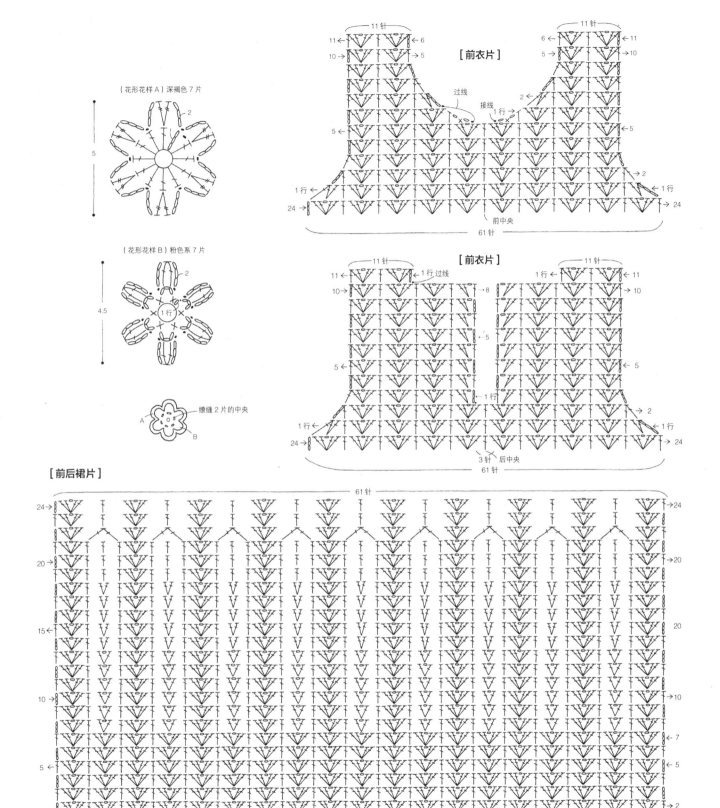

（花形花样A）深褐色7片

5

（花形花样B）粉色系7片

4.5

1行

A

B
缭缝2片的中央

［前衣片］

11针

11 ←6
10 →5

过线

接线

1行

5→

5→

1行←

24 →

2←

2→

1行

1行

24

前中央

61针

［前衣片］

11针

11针

11 ←
10 →

1行过线

8→

5→

10 →

5→

5→

1行

5←

1行

2→

1行←
1行

1行

24 →

24

3针

后中央

61针

［前后裙片］

61针

24 →

24

20 →

20

15 ←

20

10 →

10

7→

5←

5→

2→

1行←

1行

中央

115针

12针1花纹

71

材料

线：Rich More 巴曲拉 依配（中粗型）绿色系（239）180g，斯帕特 摩登（中粗型）黄绿色（13）40g、苔绿色（51）40g

纽扣：1.8cm 圆形 4 个、1.2cm 圆形按扣 2 组

针：7 号的 2 支、4 支棒针

织片密度

10cm 见方为平针的 18 针、23 行，10cm 见方为起伏针的 19 针、32 行

编织方法

★外套、帽子均为平针绿色系，黄绿 1 色编织起伏针，或苔绿色和黄绿色的条纹用单线 7 号针编织。起伏针的

编织完成之后，用最后一行的线继续伏针固定。

［外套］

1 棒针起针，平针编织衣片、袖。左前衣片的 4 处制作扣眼。

2 从前后的下摆、袖口挑针，编织起伏针。

3 接合肩部，订缝侧边，编织领，从领窝挑针编织前开襟。

4 袖接合于衣片，接合衣片和袖的拼合记号，订缝袖下。

5 编织装饰口袋，缭缝接合于前下摆。

6 用苔绿色的劈线，对齐扣眼位置，将纽扣缝接于右前衣片，领用按扣固定。

［帽子］

1 棒针起针制作成环针。

2 15 行之后 7 处减针编织至上侧，穿线收束于剩余的针圈。

3 从脸部周围挑针编织起伏针，如图所示，护耳缭缝接合于左右侧。

4 制作半圆绒球，接合于顶部。

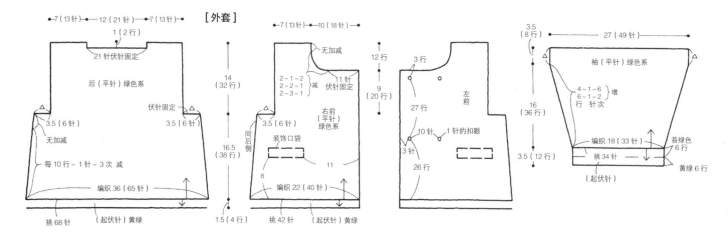

［外套］

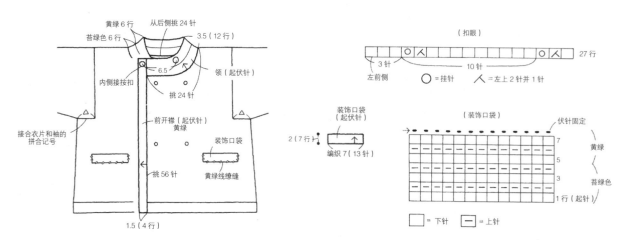

□ = 下针　— = 上针

[帽子]

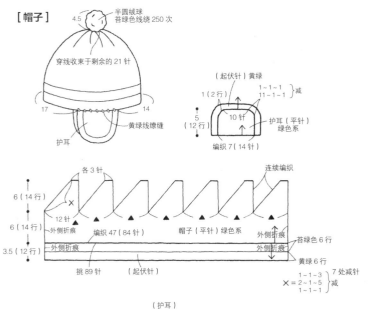

4.5 半圆绒球
苔绿色线绕 250 次

穿线收束于剩余的 21 针

17　14

护耳

黄绿线缲缝

（起伏针）黄绿
1~1~1
11~1~1 }减

5（12行）

10针

护耳（平针）
绿色系

编织 7（14行）

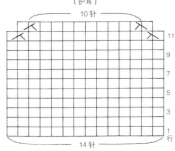

各3针　　　　　　连续编织

6（14行）　×

12针

6（14行）　外侧折痕

编织 47（84针）　帽子（平针）绿色系　外侧折痕

3.5（12行）　外侧折痕　　　　外侧折痕

苔绿色 6 行

黄绿 6 行

挑 89 针　（起伏针）

7 处减针
× = 2~1~5
1~1~3
1~1~1 }减

（护耳）

10针

11
9
7
5
3
1行

14针

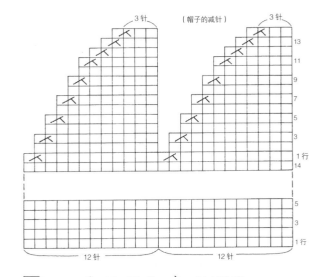

3针　（帽子的减针）　3针

13
11
7
5
3
1行
14
5
3
1行

12针　　　12针

□ = 下针　　人 = 左上2针并1针　　人 = 右上2针并1针

双松紧针（双罗纹针）

1
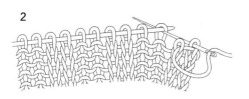

2
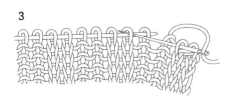

3

4

5
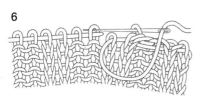

6

7

材料

线：Rich More 斯达美（极粗型的混纺线）橙色系（46）220g，HAMANAKA 富尔丝（极粗型的雪尼尔纱）褐色（3）70g

纽扣：1cm 圆形按扣 4 组

针：8 号、9 号的 2 支、4 支棒针 6/0 号钩针

织片密度

10cm 见方为平针的 17 针、24 行

编织方法

★单线 9 号针和 6/0 号针编织斯达美，8/0 号针编织富尔丝。

[外套]

1 棒针起针衣片及袖，编织平针和花纹针。

2 左右的前端编织短针，接合肩部，订缝侧边，下摆编织平针，伏针固定。

3 看衣片的反面，从领窝挑针编织领。

4 袖口编织平针，袖接合于衣片，订缝袖下。看着反面订缝从后侧编织完成的袖口的平针，折返时订缝针圈朝向内侧。

5 用缝线将按扣接合于前端的对合侧，短针的绒球订缝接合于上前端。编织绳带，完成后衣片的装饰。

[帽子]

1 同外套一样起针制作针圈，环针的平针从中途减针编织。

2 穿线收束于帽顶剩余的针圈，从编织始端侧挑针编织起伏针。

[外套]

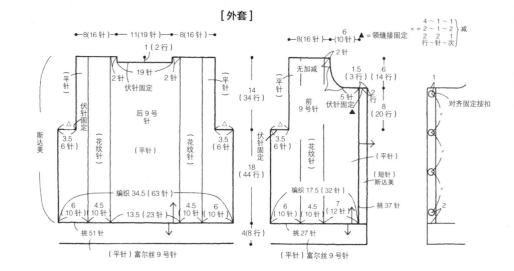

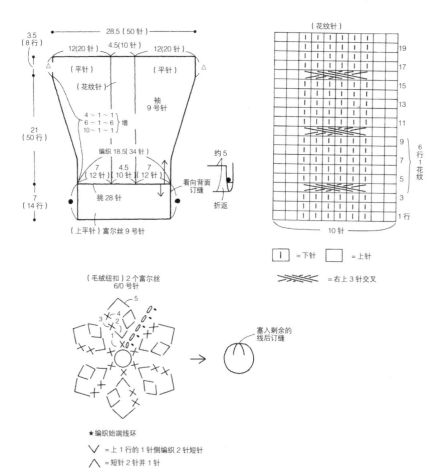

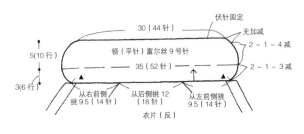

领（平针）富尔丝9号针

伏针固定
无加减
2～1～4 减
2～1～3 减

30（44针）
35（52针）

5（10行）
3（6行）

从右前侧挑 9.5（14针）
从后侧挑 12（18针）
从左前侧挑 9.5（14针）

衣片（反）

口袋（平针）
2片斯达美8号针

9（15针）

3（7行）
2（3针）
2～1～1 4～1～1 减 ▲

7（16行）
1针
2～1～1 1～1～1 3～1～1 增
行 针 次

编织2（3针）

× = 无加减

1（1行）

口袋

从周围挑60针
（短针）富尔丝6/0号针

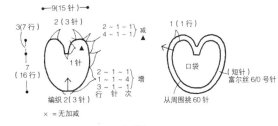

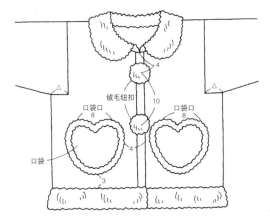

绒毛纽扣

口袋口 8
口袋口 8
口袋
4
10
4
3

（口袋）

=下针
ℓ=休针（加针）

人=左上2针并1针
人=右上2针并1针

伏针固定

7
3
1行
15
13
11
9
ℓ
7
5
3
1行

3针

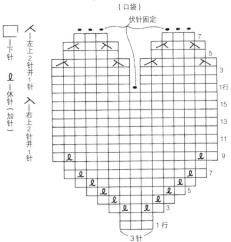

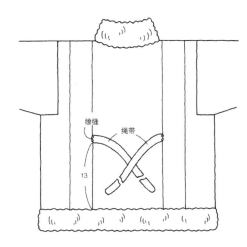

缘缝
绳带
13

（绳带）2根斯达美6/0号针

1行
编织末端
36（锁60针）

[帽子]

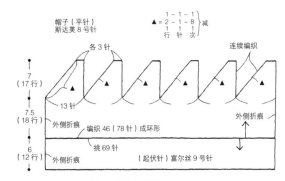

帽子（平针）
斯达美8号针

1～1～1 ▲=2～1～8 减 1 1 1 行 针 次

各3针
连续编织

7（17行）
13针
7.5（18行）
外侧折痕
编织46（78针）成环形
挑69针
6（12行）
外侧折痕
（起伏针）富尔丝9号针
外侧折痕

★起伏针看着帽子反面编织

★起伏针看着帽子反面编织

穿线收束于剩余的18针

材料

线：HAMANAKA 依托斐（极粗型）炭灰色（3）110g

针：6号、8号的2支棒针

织片密度

10cm 见方为平针的 17 针、23 行

编织方法

★单线 8 号针编织平针，6 号针编织双松紧针。

1 前后衣片用别线起针，平针直线编织。

2 松开下摆的别线，挑针编织双松紧针，双松紧针固定(参照73页)，或者制作稍松的伏针固定。

3 接合肩部，订缝侧边，成为袖口的部分也编织双松紧针。前后合计80行跳行挑针48针编织，开口侧收缩。同下摆一样双松紧针固定。

4 领用棒针起针开始编织，双松紧针和平针连续编织前后侧。左前侧制作扣眼，编织末端伏针固定。

5 对齐衣片的领接合侧和领，用珠针固定，挑针订缝。左前侧的扣眼对齐右前侧，缝接纽扣。

[背心]

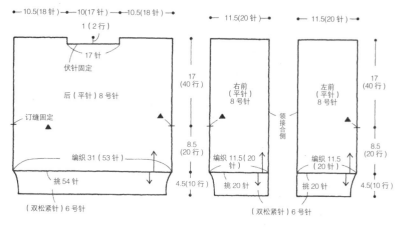

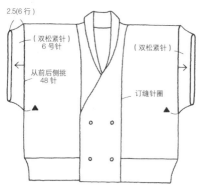

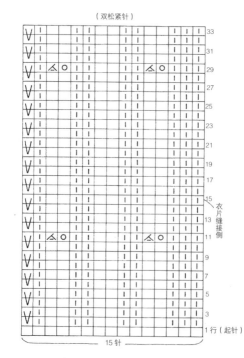

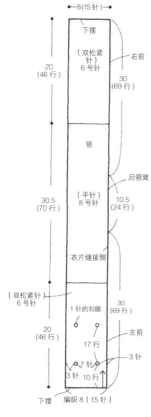

（双松紧针）

I ＝下针

□ ＝上针

○ ＝挂针（扣眼）

人 ＝左上2针并1针（上针）

V ＝滑针

材料

线：HAMANAKA 苏罗梦罗（FL）米色（2）330g、原色（1）25g、褐色（3）适量，富尔丝（极粗型的雪尼尔纱）米色（2）70g

纽扣：宽4cm羊角扣3个、1.2cm圆形按扣6组

针：4/0号、8/0号钩针

织片密度

10cm见方为长针的21针、10行，10cm见方为花纹针的26针、7.5行

编织方法

★苏罗梦罗4/号、富尔丝8/0号各单线编织。

1 衣片用长针连接前后侧编织成如图所示的形状，另行编织的花纹针的上前开襟缲缝接合于右前端。

2 接合肩部，从领窝挑针编织袖，接合衣片和袖的拼合记号，订缝袖下。

3 长针编织，下摆为往返针，袖口为环针。

4 花纹针编织帽，接合帽顶侧，卷针订缝接合于衣片。

5 编织4组花形花样和叶，再编织扣眼和腰带，口袋缲缝接合于前侧边，腰带缲缝接合于后中央。

6 编织6根扣绊，羊角扣和扣绊止缝于左右前端。用缝线将按扣缝接于对合侧。

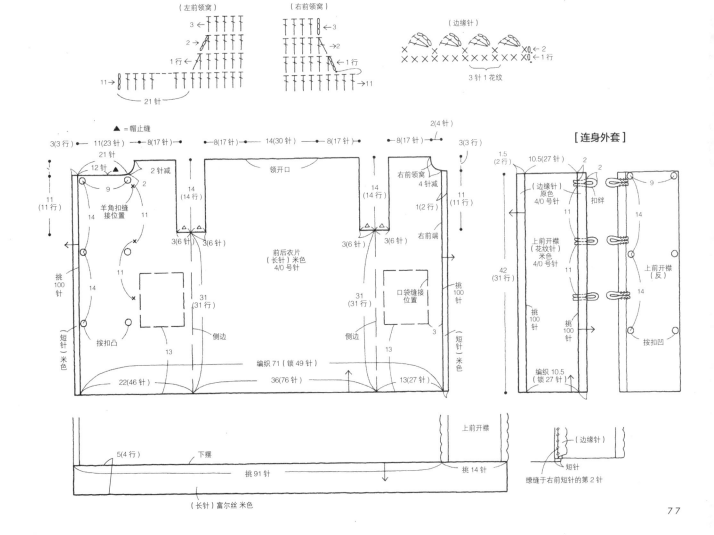

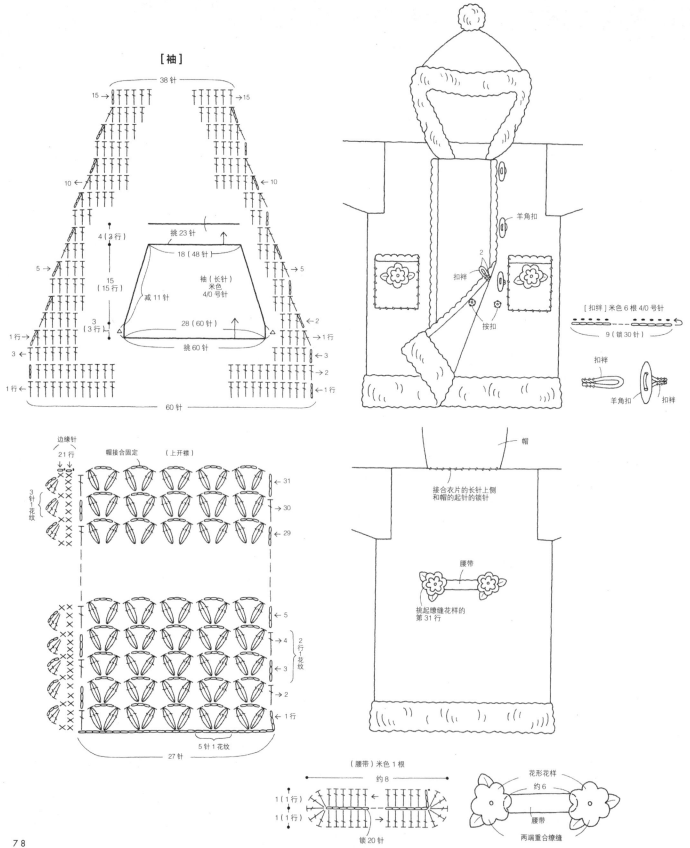

[袖]

38针

15 → / ← 15

10 ← / → 10

挑23针

4（3行）

18（48针）

袖（长针）
米色
4/0号针

15
（15行）

减11针

5 → / ← 5

3
（3行）

28（60针）

挑60针

1行 → / ← 1行

3 ← / → 3

2

2 → / ← 1行

1行 ← / → 1

60针

边缘针

21行

帽接合固定

（上开襟）

3针
1花纹

← 31

→ 30

← 29

2行1花纹

3针1花纹

← 5

← 4

→ 3

2行1花纹

→ 2

← 1行

5针1花纹

27针

羊角扣

扣袢

2

按扣

[扣袢]米色6根4/0号针

9（锁30针）

扣袢

羊角扣   扣袢

帽

接合衣片的长针上侧
和帽的起针的锁针

腰带

挑起缭缝花样的
第31行

（腰带）米色1根

约8

1（1行）

1（1行）

锁20针

花形花样

约6

腰带

两端重合缭缝

78

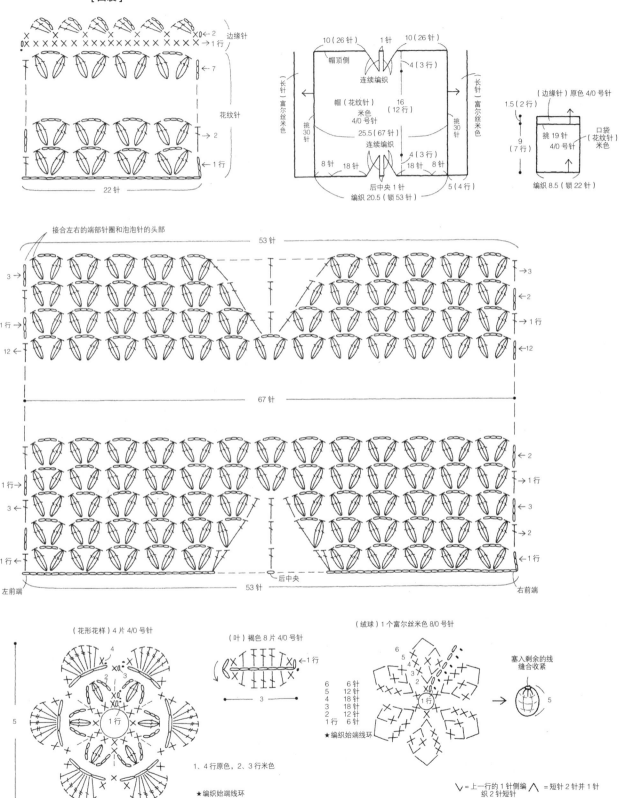

[口袋]

边缘针

花纹针

→2
→1行

↕7

↕2
↕1行

22针

10（26针）　1针　10（26针）

帽顶侧

连续编织

→4（3行）

帽（花纹针）
米色
4/0号针

16
（12行）

25.5（67针）

连续编织

→4（3行）

8针　18针　18针　8针

后中央1针

编织20.5（锁53针）

（长针）富尔丝米色　挑30针

挑30针　（长针）富尔丝米色

5（4行）

（边缘针）原色4/0号针

1.5（2行）

9
（7行）

挑19针
（花纹针）
4/0号针

口袋
（花纹针）
米色

编织8.5（锁22针）

接合左右的端部针圈和泡泡针的头部

53针

3→
1行→
12←

→3
←2
→1行
←12

67针

1行→
3←
1行←

←2
→1行
←2

后中央

53针

左前端

右前端

（花形花样）4片 4/0号针

4

5

1行

1、4行原色，2、3行米色

★编织始端线环

（叶）褐色8片 4/0号针

→1行

3

（绒球）1个富尔丝米色8/0号针

6
5
4
3
2

1行

6　6针
5　12针
4　18针
3　18针
2　12针
1行　6针

★编织始端线环

塞入剩余的线
缝合收紧

→ 5

∨ = 上一行的1针侧编
织2针短针

∧ = 短针2针并1针

79

钩针编织和棒针编织的基础

钩针的针法符号和编织方法

○ 锁针　　● 引拔针　　× 短针　　T 中长针　　干 长针

干 长长针　　　⋀ 3针并1针（长针）　　⬙ 泡泡针（长针3针并1针）　　♭ 上引上针（中长针）

棒针的针法符号和编织方法

I 下针　　　— 上针　　　V 滑针　　　人 左上2针并1针

入 右上2针并1针　　○ 挂针　　　丫 左加针　　　丫 右加针

✕ 左上交叉　　　✕ 右上交叉　　　人 中上3针并1针　　Ω 扭针（加针）

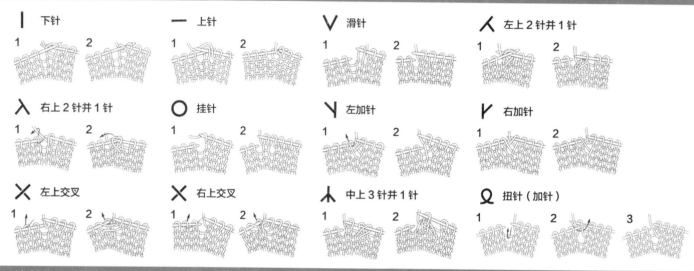

棒针编织的基础

起针　［棒针的起针］　制作简单、有伸缩性。完成的针圈为第1行。

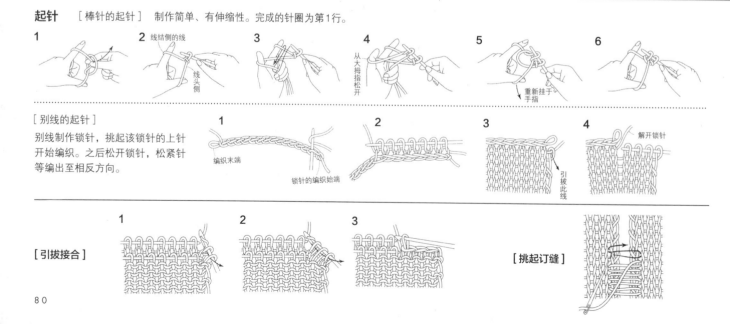

［别线的起针］
别线制作锁针，挑起该锁针的上针
开始编织。之后松开锁针，松紧针
等编出至相反方向。

编织末端

锁针的编织始端

引拔此线

解开锁针

［引拔接合］

［挑起订缝］

本书原版引进日本著名编织老师的经典宝宝毛衣最新设计作品集，以身高50~80cm的婴幼儿为对象，设计出30多款最受妈妈们欢迎的编织款式，有开衫，背心，斗篷，帽子，毯子，外套等，钩针和棒针作品都有，不仅有适合女宝宝的款式，还有男宝宝也适合的款式，每款作品都有详细的编织教程及图解，适合初中级编织爱好者参考。

图书在版编目（CIP）数据

给宝宝的温馨手工编织毛衣/［日］川路祐三子著；韩慧英，陈新平译.
—北京：化学工业出版社，2015.9（2017.2重印）
ISBN 978-7-122-21461-4

Ⅰ.① 给… Ⅱ.① 川… ② 韩… ③ 陈… Ⅲ.① 童服-
毛衣-手工编织-图集 Ⅳ.① TS941.763.1-64

中国版本图书馆CIP数据核字（2014）第170735号

ベビーニットでやさしさいっぱい
Copyright © YUMIKO KAWAJI 2012
Original Japanese edition published in Japan by Shufunotomo Co.,Ltd.
Chinese simplified character translation rights arranged through Shinwon Agency Beijing
Representative Office,
Chinese simplified character translation rights © 2015 by Chemical Industrial Press
本书中文简体字版由主妇之友社授权化学工业出版社独家出版发行。

北京市版权局著作权合同登记号：01-2015-0368

责任编辑：高　雅　　　　　　　　　　　　责任校对：陈　静

出版发行：化学工业出版社（北京市东城区青年湖南街13号　邮政编码100011）
印　　装：北京画中画印刷有限公司
880mm×1092mm　　1/16　　印张5　　字数280千字　　2017年2月北京第1版第3次印刷

购书咨询：010-64518888（传真：010-64519686）　售后服务：010-64518899
网　　址：http://www.cip.com.cn
凡购买本书，如有缺损质量问题，本社销售中心负责调换。

定　　价：29.80元　　　　　　　　　　　　　　　　　　　版权所有　违者必究